乌 杰
系统科学文集

第三卷
系统哲学之数学原理

乌杰 著

人民出版社

序　言

在古希腊时代,哲学与科学是不分的。在中世纪,两者与神学混为一体。文艺复兴后,科学家采用了实验与归纳的方法,哲学与科学才逐步分道扬镳,而自然哲学仍建立在牛顿的力学基础之上。

在人类科技思想史上,哲学与科学总是互相验证、互相促进的,两者的内在规定性是高度和谐的。如果科学举证不了哲学,哲学引导不了科学,这种哲学只能是黑格尔的"同一性哲学",是与科学哲学毫无关系的一种"虚狂"。

系统哲学与系统科学是一脉相承的,是自然科学尤其是系统科学高度抽象的理论化思维,是当代哲学科学思维的崭新范式,即"系统范式"。

我们这本《系统哲学之数学原理》,是用数学、自然科学、系统科学的理论,对系统哲学作出论证,以彰显系统哲学与自然科学的内在统一性。哲学的数理化历来是一个重大课题。因此,这本《系统哲学之数学原理》是一个有趣的创造,尤其是对当今中国来讲,具有划时代的意义。

1.本书证实了"系统哲学"是科学的,是当代思维的精华,是一种思维的新范式。

2.哲学与数学的对话,开创了中国与世界的思想史新的一页,是一个伟大的创造。

3.对中国的改革与建设提供了一个强有力的思想理论的支持,这一点具有十分重要的意义。

4.创立了一个新的研究方向:哲学的数学化与数学的哲学化。

5.为自然科学及人文科学建立了一个新的平台,是一次重要的科学的综合与发展。

杨桂通教授做了全书的编辑和数学推演工作。我们由衷地感谢他对系统哲学研究工作的热忱和对这本《系统哲学之数学原理》出版所作出的贡献。

爱因斯坦讲:我们的一切思维在本质上,都是概念的一种自由游戏。而我们这个《系统哲学之数学原理》的"自由游戏",一定会推动哲学与科学的联盟,一定会造福当代科学技术与社会的发展。

乌　杰

2012 年 12 月 31 日于紫竹书斋

目　录

第一章 系 统

系统哲学研究的是各类系统所具有的深邃的、复杂的哲学问题，包括对自然界、人类社会以及人类思维等领域的哲学思考和科学分析。容易理解，系统哲学是建立在自然科学、系统科学理论基础上的哲学。正如马克思说："自然科学是一切知识的基础。"① 系统哲学当然也不例外。马克思还指出，任何一门科学只有能够充分运用数学的时候，才算是达到了真正完善的地步。

这就是说，哲学也是以自然科学为基础，因而可以给出定量的论证的和数学证明。系统哲学是自然规律的概括和解析。

系统哲学认为："系统思想之所以发展到定量化的阶段，是现代科学技术发展的客观要求。"②

可以理解，系统哲学的创立是哲学发展的必然趋势，是科学技术发展和人类思维社会进步的必然。研究系统哲学离不开自然科学基础理论知识和一些必要的数理科学知识。

不夸张地说，所有的自然定律（包括热力学定律）一直并仍

---

① 《马克思恩格斯文集》第 8 卷，人民出版社 2009 年版，第 358 页。
② 乌杰：《和谐社会与系统范式》，社会科学文献出版社 2006 年版，第 61 页。

在继续控制着我们宇宙的所有事物的发生、运动和演化，包括人们的行为乃至生命。

我们正在进入一个知识融合的新时代，即理论·实验·超算一体化的时代，哲学在知识融合中起着至关重要的作用。以下我们将涉及与系统哲学有密切关系的物理数学基础的理论问题。

例如，热力学第一、第二定律适应于人类社会的所有领域，即从物理学、化学、生物学到哲学、经济学、社会科学，以及人的思维、活动的全过程，也就是说，人类社会的全部活动都要受热力学第一、第二定律的支配。所以说，热力学定律对人类是非常重要的，是具有普遍意义的自然定律。

"系统哲学的产生，不是激情的冲动和门面的装饰，而是改革的、发展的、实践的需要，时代的呼唤，其生命力就在于不断地从当今实践中进行创新。"① 要理解系统哲学之精髓，先应了解系统的含义。下面解释何谓系统。

一、系统的类型

系统是具有多元性、差异性、相关性和整体性。具体地说，系统就是包含具有一定数量的、多元多样性的子系统的整体，这些子系统之间具有差异性，但却相互关联、相互制约、相互协调。对子

① 乌杰：《系统哲学》，人民出版社 2013 年版，第 333 页。

系统整体来说，它具有某种结构和相应的功能。系统是子系统的集合。若令各子系统分别为：a_1，a_2，a_3，…，a_n，它们的整体为 A。则说集合 A 含有 a_1，a_2…a_nn 个子集，记作：

$$A = \{a_1, a_2, \cdots, a_n\},$$

另有所谓大系统（Large system）、巨系统（Giant system）、复杂系统（Complex system）、复杂适应系统（Complex adaptive system）等。这些是在特定条件下人们为了区别其研究的特点给出的称谓。我们这里暂不加以区别。即认为凡是谈到系统，它总是包含很多子系统，并不区分有多少子系统就是大系统，有多少就是巨系统，但对于复杂适应系统，则特指有人们意志参与的系统或指某些智能系统，通常称为复杂适应系统，等等。

若按系统的特性来分类，则可分为以下几类：

1. 按输入输出特性分：线性系统（构成线性微分方程组—线性动力系统）与非线性系统（构成非线性微分方程组—非线性动力系统）；

2. 按热力学特征分：孤立系统（不受外界影响的内部自发运动过程的系统）、封闭系统（与外界有能量交换而无物质交换的系统）和开放系统（与外界既有能量交换又有物质交换的系统）；

3. 按系统的状态分：平衡态（平衡定态—没有外界影响下的定态，具有空间的均匀性，随时间变化最终达到不变的定态）、线性非平衡态（近平衡态—非平衡线性区）和非线性非平衡态（远离平衡态—非平衡非线性区）。

后两类状态——近平衡态和远离平衡态的概念很重要，要专门进行分析。

此外，还有所谓复杂系统。关于复杂系统的说法很多，High-smith J. A. 认为，复杂系统 = 简单规则 + 丰富关联。各家有各家的说法，这里不一一列举。

总之可以说，凡是线性系统，都是简单系统；复杂系统一定是非线性的，但通常认为有生命的系统或有人参与的智能系统才是复杂系统。故非线性是构成复杂系统的必要条件，而非充分条件。

一般认为，对于复杂系统要研究的内容很多，例如：

1. 复杂系统的自组织临界性；2. 复杂适应系统（CAS—Complex Adaptive Systems），即智能体（agent）的适应性问题；3. 开放的复杂巨系统综合集成的理论框架是怎样的；4. 高度最优化容限（Highly Optimized Tolerance）问题和针对复杂工程系统和生物系统；5. 高确信、高因果系统（High Assurance High Consequence Systems）研究，即同时满足高可靠性、高安全性、实时约束性、保安性、容错性等不同要求。

复杂性系统的一些特性：多样性（diversity）、聚集性（aggregation）、非线性（nonlinearity），等等。

二、系统的数学定义与识别

以上所谈到的各类系统，从数学的角度看，系统就是集合——具有共同性质的事物的全体称为"集合"，记为 A，而其中每一个个别事物为该集合的元素，记为 a。a 属于 A，记为 a∈A，（a=1，2，3，…，n）。而当不属于时，记为 a∉A。

若有两个集合 A 和 B，若 A 的每一个元素都是 B 的元素，则称 A 是 B 的子集，（或子系统）记作 A⊆B，或 B⊇A，若 B 中存在不属于 A 的元素，则 A 是 B 的真子集，记作 A⊂B（A 是 B 的子系统）或 B⊃A（或即 B 系统中有一个子系统 A）。

在研究具体问题时，谈到某一个系统时，其中的元素都应该是确定的。但对某些问题来说，往往会遇到哪些元素属于该系统而哪些不属于的问题。例如，要研究对某校优秀生集体（集合）加强培养的问题。这时，"优秀生"就是一个模糊的概念。难以简单地说，谁隶属于、谁不隶属于这个集合，而只能通过隶属于所论集合（系统）的程度来刻画，即所谓要寻找"隶属度"。隶属度是建立模糊集合的基石。

在模糊集合中，除隶属度为 0 或 1 之外，通常属于或不属于是没有明确含义的。隶属函数是描述模糊性的关键。隶属函数的确定通常都多少带有人们的心理因素。常用的方法如模糊分布法——从给定一系列模糊函数解析式中选择出合适的函数作为自己的模糊函数。意思是说，观察到的模糊误差是一个随机变量，这个误差服从正态分布。

就是说，我们选择了正态分布函数作为模糊函数（图 1-1a），

$$A(x) = e^{-k(x-a)^2}, \quad x > 0 \tag{1-1}$$

分布规律为：

$$F(x) = \frac{1}{\sigma\sqrt{2\pi}}\int_{-\infty}^{x} e^{-\frac{(x-a)^2}{2\sigma^2}} dz \qquad (1-2)$$

或其他分布，例如 χ^2 分布，其分布函数为：

$$A(x) = \sum_{1}^{n} (\xi_i - a)^2 \qquad (1-3)$$

其分布密度如图 1-1b 所示。

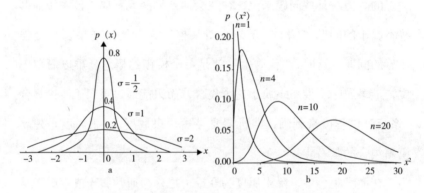

图 1-1　正态模糊分布密度 a，χ^2 型模糊分布密度 b

确定隶属函数或直接确定隶属度，都没有确定性的科学方法，常用的方法有几种，但都不可避免地带有一定的主观性。

下面介绍一种模糊识别方法：最大隶属原则。

最大隶属原则：设 A_1，A_2，…，A_n 是论域 X 中的几个模糊集合，给定待识别对象 $x_0 \in X$，求 x_0 应属于 X 中的哪个模糊集合？

最大隶属原则是一种用于个体识别的方法。就是说，对于给定的待识别对象：

$x_0 \in X$，若存在一个 $i \in |1, 2, \cdots, n|$，使得

$$A_i(x_0) = \max |A_1(x_0), A_2(x_0), \cdots, A_n(x_0)| \quad (1\text{-}4)$$

则认为 x_0 相对地隶属于 A_i。

经常会碰到这样的问题，已确定要研究一个系统（集合）A，而系统 B 中有些元素似也应该列入系统 A。系统 B 为一模糊集合，其中有些元素可能与集合 A 中的元素近似。如何把这类隶属度（隶属于集合 A 的程度）高的元素选进系统 A 来统一考虑？对于这类问题，我们建议：

1. 设定一组隶属条件（可以加权列出）；

2. 设定隶属度 M 的标准，M=0 为不属于，M=1 为完全属于。例如令 $M \geq 0.7$，即可认为集合 B 中的该元素同时也属于集合 A；

3. 逐个识别 B 中的元素，满足隶属度标准的元素，即可认为该元素也可隶属于系统（集合）A。

这种方法，显然，含有主观意志在内，因为隶属度标准的选定也是根据客观条件，人们自主选定的。

第二章　事物（系统）发展演化的动力——差异协同律

"系统哲学是在马克思主义哲学与自然辩证法的基础上，结合现代科学的研究成果和新的理论成就，以客观系统物质世界作为研究对象的一门哲学的科学。系统哲学是对辩证唯物主义哲学的补充、丰富、完善和发展，是对传统哲学范式的一种超越，是现代辩证唯物主义哲学的新形态。"①

"马克思主义哲学是一切人类的共同的精神财富，它排斥一切门户主观之见，在它的全部发展中并不存在一脉嫡传的'道统'。……系统哲学作为一种当代哲学体系，它表征着时代的高度和发展趋向。"②

传统的哲学认为物质世界发展、演化的一般规律为：对立统一规律，质量互变规律，否定之否定规律。并认为："对立统一规律揭示了事物联系和发展的最深刻的本质，即联系的根本内容和运动发展的源泉和动力；质量互变律揭示了事物联系和发展的基本形态

---

① 乌杰：《系统哲学》，人民出版社 2013 年版，第 1 页。
② 乌杰：《系统哲学》，人民出版社 2013 年版，第 332 页。

和形式；否定之否定律揭示了事物联系和发展的方向与道路。"①
认为这就是物质世界发展演化的无可争辩的普遍规律。

上述传统马克思主义哲学对物质世界发展、演化一般规律的认识，实际上只是系统哲学所给出的普遍规律的部分特殊情况，在关键问题上忽视了问题的普遍性和复杂性。这些问题，在拙作《系统哲学》一书中已有详细的科学论述。

我们试图再次证实：事物发展演化的动力并非依赖于矛盾的同一性和斗争性，以及事物发展演化的方式与途径是非常复杂的，一般是非线性的，而不只是质量互变和否定之否定这样单纯的简单过程。

下面说明差异不是矛盾，矛盾不是差异。

一、差异的哲学

差异存在于一切客观事物系统及思维的过程中，并贯穿于一切过程的始终。这是不同于互相排斥、互相对立的矛盾的基本点。

恩格斯讲："同一性自身中包含着差异性，这一事实在每一个命题中都表现出来。"②

他还讲："……两极对立在现实世界只存在于危机中。""没有什么绝对，一切都是相对的。"③

---

① 杨河主编：《马克思主义哲学纲要》，北京大学出版社 2003 年版。
② 《马克思恩格斯文集》第 9 卷，人民出版社 2009 年版，第 470 页。
③ 《马克思恩格斯文集》第 10 卷，人民出版社 2009 年版，第 601 页。

否认事物系统的差异，就是否认了一切，就是否认世界上所有的存在，这是粗浅共通的道理，古今中外，概莫能外。

1. 差异的普遍性

黑格尔认为："同一过渡为差异，差异又过渡为对抗。"①

黑格尔还反思了"同一——差异——对立——矛盾"的公式。这里的同一，应该是宇宙大爆炸前的起始点——奇点——的状态，就是奇点的零时空，也就是量子引力时代的虚时空。

在奇点内聚集了450多种的粒子和这些粒子所携带的四种基本力（引力、强力、电磁力、弱力），这是原始粒子所带来的原始差异，可以称为"自在的差异"，也是奇点的差异。

这些差异引发的随意量子涨落、放大效应，在系统内外自组织、自协调的作用下诸差异转化、湮灭，产生新的粒子、新的涌现、新的差异，以及许许多多的层次、结构、功能、系统。在新的差异系统基础上继续演化，慢慢地会形成一种特殊超循环的序列结构。这个差异的超循环结构有自我选择和自我创新的能力。它的进一步演化出现了超大级的超循环系统，并逐步地形成了我们现在的大千世界：浩渺灿烂的宇宙、多姿多彩的人类社会。

可以说差异是基督教中的"上帝"、佛教中的"涅槃"、道教中的"道"。没有差异的普遍性，也就没有现在的世界和现存的一

① 黑格尔：《逻辑学》下册，人民出版社1974年版，第64—65页。

切。没有差异，一切现实存在的东西都无从谈起。

我们可以从宇宙的创生期开始研究。

在普朗克（宇宙创生）时代：

时空形成，即时空量子化、粒子形成，时空可以测量。引力产生，强力、弱力、电磁力还不能分开。轻子与夸克相互转化。但是与引力、轻子和夸克的互相排斥、相互对立的"矛"与"盾"并没有出现。只有粒子之间的差异与引力的差异，这里出现的是粒子与力差异的普遍性，而不是矛盾的普遍性。

在大统一时代的后期：

强力从统一的强力、弱力、电磁力中分化出来，轻子与夸克独立。这时期产生的重子数多于反重子数，即产生了正物质与反物质的不对称性，也就是非对称性差异的产生。如果没有这一非对称性差异，那么正反粒子成对湮灭后，在宇宙中不会留下任何东西。我们现在只能观察到宇宙的辐射。因此，今天的世界是以正物质为主的世界，不是正物质与反物质矛盾对立统一的世界。

在夸克与轻子的时代：

电磁力与弱力分为两种力，这是两种力的差异，不是两种力互相排斥的矛与盾。

在强子与轻子的时代：

宇宙进入轻子与正反粒子湮灭时刻，重子中只剩下质子与中子，这里也只有粒子的差异，没有互相排斥、对立统一的矛与盾。

在辐射的时代：

正负电子湮灭转化为光子，辐射脱耦宇宙变得透明，进入以正物质为主的原子时代。

与此同时，在星系、恒星和行星的形成过程中，重元素和各种分子相继形成。

在整个自然界演化的过程中，产生了一系列的对称性破缺，即产生了一系列的非对称差异。如果没有这种非对称差异的过程，宇宙仍然停留在高温、高压的状态，对现存的世界来讲是不可想象的。四种基本力的相互作用差异，使宇宙多极分化，同步演进，导致了渺观、微观、宏观、宇观、胀观分叉的出现，但彼此相互同步演化。这是自然界最奇妙的现象之一。

这些非对称的差异为人类的生命奠定了基础。比如有机分子旋光性的非对称差异，导致了真正生命的出现；遗传密码和遗传信息流的非对称差异是原始生命产生与延续的根据；细胞内部与细胞之间的非对称差异，是生命进化的必要条件。如果没有这些差异，就不能产生生命。这里不存在互相排斥两极对立的矛盾，只是存在着普遍的差异性及它们演化的协同性。

根据以上的论述，我们可以得出以下几点：

第一，宇宙在开端时，即在奇点，宇宙内部是绝对对称的，宇宙越进化，也就越不对称，即非对称差异也越多。宇宙膨胀后，非对称差异、不确定性及自由度近乎无限大，因此我们的世界是差异统一的世界，而不是矛盾对立统一的世界。离开差异统一的世界，宇宙是不存在的。

第二，从宇宙的创生到现在我们的自然界、人类社会差异是普遍存在的，而非对称差异的出现对自然界、人类社会、对我们的生命都有决定性的作用。没有这么大量的非对称差异的发生，我们人类社会与自然界的生存是不可思议的。这一点对我们的理论和认识、对我们的实践都有十分重大的意义。孔子的"和而不同"也是这个意思，即在差异上（不同）的同一，而不是无差异的同一，这是宇宙存在的根本。

第三，它澄清了数千年来，有关差异与矛盾认识的误区。以往许多学者，尤其是黑格尔的差异就是矛盾的观点，影响了人类认识数百年。应当承认，主要是科技发展的局限才使人们的认识产生了偏差，当然也有人文政治的原因。

差异不是矛盾、矛盾也不是差异，矛盾只是差异的一个特殊激化的阶段，而且不是每一差异都必然演化发生的一个阶段。矛盾没有普遍性，而恰恰相反，差异具有普遍性的品格。对差异与矛盾的看法，是我们传统理论中的一个根本误区。

第四，差异是自然界人类社会的根本动力，是一切动力之源。没有差异就没有量子涨落，没有自组织、没有演化、没有系统、没有生命。没有差异就没有一切的存在，没有多元化的世界，没有人类的进步。

普里高津认为：非平衡是有序之源。哈肯指出：控制自组织的方程，本质上是非线性的。这里的非平衡与非线性就是非线性差异。

意大利哲学家克罗齐讲：宇宙万物就是一个差异的统一体。他讲，真与假、美与丑、善与恶、利与害，这些对立与矛盾不过是局限于相异概念内部的东西，不能作为辩证法的原则。

苏联的德波林院士学派认为，事物开始时只有差异，并无矛盾，过程到了一定阶段才能产生矛盾。其实，当代的科学技术已证明在组成我们的现实世界中，我们只发现了450多种粒子和这些粒子所携带的 4 种基本力，但他们之间只存在差异，并无互相排斥互相对立的矛盾，这也是差异普遍性的根本依据。

在管理中，没有管理跨度的差异，就不会有真正的管理学。在经济学中，没有市场交易成本差异，也就没有经济学。在政治学中，没有权力差异，也就没有政治学。在生物学中，没有基因差异，也就没有生物学，等等。

差异是能量、是信息、是物质、是系统。差异是外在的系统，系统是差异的内在结构。系统是差异存在的根据，差异是系统存在的表征。

2. 差异的特殊性

我们放眼人类社会和自然界，满目林林总总的系统事物，没有一个系统是相同的，只要有系统就有差异，每个系统都有一个不同与另一系统的差异。

莱布尼茨讲："世界上没有两片树叶是完全相同的。"甚至是两个细胞、两个双胞胎都有差异。每个人都是独一无二的，两性的差异，始于子宫终于坟墓。

差异分为内在差异与外在差异。内在差异，主要是指要素的特性、行为，要素的平均涨落和其放大效率及要素的时空序，即要素的结构差异。外在差异，主要是指要素的功能的差异，与环境涨落互相作用的差异。两者的总和可以称为系统的差异。

差异也可以表现为过程的差异、状态的差异、上下系统层次之间的差异等等。

不同要素之间存在着许多差异，每一种差异都可能引发量子涨落。因此系统内部许许多多的涨落，哪个涨落能够放大并主导这个系统，不仅取决于该系统内部要素的互相作用，还取决于该系统与环境涨落之间的相互作用，这是系统生成不同于另一系统的主要原因。

差异分有生命的差异和无生命的差异。有生命的差异发生的自组织与涌现，具有整体有机性，它是一种物质之间有机生命体的关系。无生命的差异发生的自组织与涌现，在一般情况下没有整体有机性。而多数的复杂机器有整体性，但不具备有机性，如飞机、汽车、机器人等。不过有生命的差异与无生命的差异本身也是相对的，它取决于环境的条件性。

系统的存在、系统的运动、系统的发展、系统的演化，必然以差异的存在、运动、发展和演化为前提。

有差异才有涨落，而涨落是对系统事物平衡的一种偏离，是发展过程中的差异因素、不平衡的因素。通过涨落而达到系统事物的有序态，这是系统演化的机制。这是一条永恒不变的规律。

李政道讲，宇宙的演化越复杂，不对称性就越高。其实，也就是非对称差异越多，非对称差异在演化中起着决定性的作用。

诸差异的特殊性、协同性、普遍性，生成了世界。系统事物的差异法则是系统辩证学的根本法则。

在复杂系统中，有许多的差异和许多的系统，如果不认识差异的普遍性，也就无从发现系统事物运动发展演化中的普遍原因与根据。如不知道差异的特殊性，也就无从确立此系统与他系统事物的本质区别。

二、事物（系统）发展演化的动力

　　系统辩证学综合发展了唯物辩证法、自然辩证法、社会辩证法和思想辩证法中的一系列哲学范畴而形成自己的范畴。它按其内在的关系组成一个新的科学体系。它通过一个哲学范畴中的内在关系和逻辑发展，反映和揭示了系统的普遍规律。系统辩证学作为系统普遍联系和发展变化的学说，也是标志着思维发展的辩证之网。各个范畴都是网上的纽结，而通过纽结联系及其运动而形成的规律既是客观事物的规律，也是思维的规律。因此，系统辩证学既是一般世界观又是一般方法论、认识论和价值论。系统辩证学从不同的方面揭示系统联系、系统发展的一般性质，揭示系统观、过程观、时空观的基本内容，并按它们所反映的层次和深度而相互区别开来，构成其规律和范畴。其中，通过系统、要素、结构、功能、自组（织）涌现、涨落、超循环、层次、序量、差异、协同、中介等范畴所揭示的自组（织）涌现、差异协同、结构功能、层次转化、整体优化等规律，是系统辩证学的基本规律。这五大规律，由浅入深，从奇点到现时地揭示了自然、社会和思维的系统联系和系统发展。

　　自组（织）涌现律是系统辩证最广泛、最普遍的规律，是宇宙系统的第一规律。它从宇宙整体上揭示了宇宙演化的原因——宇宙系统的差异自组织、自涌现。

差异协同律是系统辩证学的中心律。它从存在与发展的基本形式进入到进化、演化的深刻的内容，揭示了系统内部差异和环境差异协同并共同进化的本质及精髓，这是事物普遍联系的最根本内容，是事物系统变化发展的根本动力。

而对立统一律认为："矛盾的同一性、斗争性构成事物的内部矛盾，推动事物的发展，这是事物发展的最终根源。""各个事物之间相互构成矛盾，这便是事物的外部矛盾。一般说来，事物发展的内部矛盾可称为事物发展的内因。事物发展的外部矛盾，可称为事物发展的外因。"①

显然，对立统一律把矛盾视为一切事物的核心，是普遍存在的对立的两面。对立意味着矛盾，矛盾必然引发斗争，斗争的结果是事物、系统的发展停滞或产生破坏性，社会进步停顿甚至倒退。这样，将对立统一律视为事物发展的动力的理想结果必难实现。

众所周知，自组织现象的发现是 20 世纪伟大的科学成就之一，物质世界一切事物、系统发展演化的动力都是源于差异协同作用产生的自组织涌现。

实际上，矛盾不具有普遍性，矛盾只是差异协同发展过程中可能出现的一种特殊情况，而且也往往是可以化解的。而差异协同律才是事物、系统整体性发展演化的普遍性规律。在《系统哲学》一书中指出：差异是自然界人类社会的根本动力，是一切动力之源。没有差异就没有涨落，没有自组织、没有演化，没有系统，没有生命。

———————

① 杨河主编：《马克思主义哲学纲要》，北京大学出版社 2003 年版。

我们知道，一切事物、系统皆为物质所构成，它们都必须服从物理学规律。对于化学、生物学等，人们已不再怀疑在理论上用物理过程来阐明基本的化学和生物学反应过程；按照物理学的基本规律，特别是热力学的规律，来理解自然界的巨大的涨落现象，形成了自然界的有序状态；生命体和无生命体在其内部组织和外部环境的作用下都能自发组织，产生有意义的过程。

这就是说，差异是自然界人类社会的根本动力，是一切动力之源。也就是说，差异产生动力，动力促进子系统发展自组织。下面证明这一点。

三、差异协同作用的数学模型

为简化计，设有两个无耦合的、存在差异的两个子系统，其状态矢量分别为 $\mathbf{q}_1$ 和 $\mathbf{q}_2$，两个子系统的演化方程分别为：

$$\frac{d\,\boldsymbol{q}_1}{dt} + \gamma_1\,\boldsymbol{q}_1 = 0$$

$$\frac{d\,\boldsymbol{q}_2}{dt} + \gamma_2\,\boldsymbol{q}_2 = 0 \tag{2-1}$$

设这两个状态的初始态是稳定的定态，它们都不会发生变化。现引入它们之间的耦合，即协同作用，并由函数 a 和 b 所描述。这样一来，新系统的运动演化方程化为联立方程组：

$$\left.\begin{array}{l} \dfrac{d\,\boldsymbol{q_1}}{dt} + \gamma_1\,\boldsymbol{q_1} + a\,\boldsymbol{q_1}\,\boldsymbol{q_2} = 0 \\[3mm] \dfrac{d\,\boldsymbol{q_2}}{dt} + \gamma_2\,\boldsymbol{q_2} - b\,\boldsymbol{q_1}^2 = 0 \end{array}\right\} \qquad (2\text{-}2)$$

或写成下列形式：

$$\dot{\boldsymbol{q}} = \gamma(\mathbf{q},\ \alpha)\ ,\quad \mathbf{q} = \begin{Bmatrix} \boldsymbol{q_1} \\ \boldsymbol{q_2} \end{Bmatrix},\quad \gamma(q,\ \alpha) = \begin{Bmatrix} \gamma_1 + a\,\boldsymbol{q_2} \\ -\,b\,\boldsymbol{q_1} + \gamma_2 \end{Bmatrix} \qquad (2\text{-}3)$$

设耦合后的系统 **q** 中：

$$\gamma_2 > 0 \ \text{及}\ \gamma_2 > \gamma_1 \qquad (2\text{-}4)$$

而 γ_1 可大于零，也可小于零。根据线性稳定分析，可知 q_2 是渐近稳定的。实际上，若考虑定态 $dq_2/dt = 0$，即 $-\gamma_2 q_2 + bq_1{}^2 = 0$，由此有：

$$q_2 = \frac{bq_1^2(t)}{\gamma_2} \qquad (2\text{-}5)$$

上式表明，模态 $\mathbf{q_2}$ 受模态 $\mathbf{q_1}$ 的支配。将式（2-5）代入 (2-2) 式中的第一式，可得：

$$\frac{d\,\boldsymbol{q_1}}{dt} + \gamma_1\,q_1 + \frac{ab}{\gamma_2}\,\boldsymbol{q_1}^3 = \mathbf{0} \qquad (2\text{-}6)$$

上式（2-6）称为序参量方程。它描述了自组织系统的宏观行为。因为对于定态式（2-6）化为：

$$\gamma_1 \boldsymbol{q}_1 + \frac{ab}{\gamma_2} \boldsymbol{q}_1^3 = 0$$

其解为：

$$\boldsymbol{q}_1 = \begin{cases} 0, \\ \pm\left(\dfrac{|\gamma_1||\gamma_2|}{ab}\right)^{\frac{1}{2}}, \ (\gamma_1 < 0) \end{cases} \qquad (2\text{-}7)$$

由式（2-7）可见，$\gamma_1 > 0$ 时只有定态解，$\boldsymbol{q}_1 = 0$，因而有 $\boldsymbol{q}_2 = 0$，即系统不发生自组织。若 $\gamma_1 < 0$，则除 $\boldsymbol{q}_1 = 0$ 外还有定态解：

$$\boldsymbol{q}_1 = \pm\left(\frac{|\gamma_1||\gamma_2|}{ab}\right)^{\frac{1}{2}} \qquad (2\text{-}8)$$

则根据式（2-5），有 $\boldsymbol{q}_2 \neq 0$，即系统一定会由于差异协同作用而出现自组织。这就是说，为什么 $\boldsymbol{q}_1$ 称为序参量，就是因为它控制、决定了系统的状态，描述了系统的有序度。

以上讨论可以方便地推广到 N 个子系统的情况。

这说明，当系统处于自组织状态后，由于涨落，系统的状态将不可避免地出现分岔，通过选择，即将进入一种全新的状态，从而可以出现全新的结构。

因此，根据上述的数学推演进一步证明，矛盾不具有普遍性，矛盾只是差异协同发展过程中可能出现的一种特殊情况，而且也往往是可以化解的。而差异协同律才是事物、系统整体性发展演化的动力，是事物发展演化的普遍性规律。

第三章　事物发展演化的形式
——自组(织)涌现律

一、自组(织)涌现的哲学

　　如果说 1900 年以前，世界是统计性的，1915 年的世界是相对论的，1930 年的世界是量子化的，那么 1980 年以后的世界是非线性的、是系统科学的世界。科学是在重新定位之中，宇宙的秩序也在人们的视野中重建。

　　作为基础科学的物理学，它是一种符号的"普遍约定"。过去我们认为它是存在的物理学——存在先于演化，现在我们理解为是演化与存在互为依存的系统整体，是存在的演化与演化的存在。演化是存在本质，存在是演化的表象。因此是演化与存在的物理学，不仅仅是一个完全现存的，构成运动着的世界；还是一个生成的、演化和现实的世界，是一个不可逆的、有生命的物理学世界。

如果我们从系统的整体去研究，我们就会碰到时空系统中的内在演化力量，这是一种内在的不可逆的描述，是实在性的存在转向时空生成演化的现实存在。在今日人们的科学视野中，就会发现多样性、偶然性、演变性，比简单性、稳定性、必然性更普遍更基本。自然界的历史就是自组织的历史，自然界的演化就是从简单到复杂、从无序到有序的进化。

不是以实体去确定演化，而是在演化的过程中认识、把握存在和现实。也就是从机械的构成性转变为有机分形的生命性。

现在正是用系统的自组（织）涌现生成演化，即系统范式去重新认识自然界、人类社会，用"世界是一个庞大的自然组织"的视角重构现存的科学体系和人文科学，重构人类的普遍尊严。

自组（织）涌现规律是建立在普里高津的耗散结构理论、哈肯的协同学、艾根的超循环理论和芒德勃罗的分形理论以及圣塔菲学派等等理论基础之上的，它涵盖了从胀观到渺观的广袤宇宙空间物质，是宇宙系统最普遍、最具有概括力的一个规律，它是宇宙的第一规律与核心规律，它深刻表明宇宙系统在胀观与渺观上的协调演化的规律性。它由自组织原理与涌现原理等构成。

自组（织）涌现律是宇宙系统——宇宙核（能量、物质、信息），由爆炸与膨胀的奇点开始，从简单到复杂，从对称到不对称，在零时空量子涨落中，宇宙系统自行组织，自行演化涌现出新系统的一种机制。如宇宙的演化、地球的形成、生命的起源、经济的发展、科技的创新、社会的进步，等等。它的大环境就是宇宙的有序膨胀。

（一）从无开始的自组织

根据宇宙系统模型和奇性原理，宇宙的总能量为零。在宇宙的创生期，宇宙系统整体是一个虚时空的量子状态，时间与空间为零，宇宙半径也是零。这就是"无"生"有"的时代。正像老子讲的，"天下万物生于有，有生于无"、"道生万物"。这应该是"道"的真谛，老子的"无为而治"，就是相信自然界本身自己有能力可以协调进化，无须"上帝"之第一推动力，自然界本身会产生天然的活力向前演化。老子的思想实际上是最原始的自组织理论。

黑格尔"逻辑学"的起点是"有"，也是黑格尔绝对精神的开端，它没有任何确定的规定性，也没有任何意义。因此"有"与"无"这两个互相排斥的对立面，在开端就合二为一了。这也是两者无差别的统一。因此，"无"生"有"的时代，也是"有"生"无"的时代。

从自然科学上讲，这个"无"，不是什么物质都没有的真空，它存在着巨大的能量，是一种物质的存在方式。真空是一个很复杂、有结构的凝聚态，宏观的真空与微观的粒子是分不开的，以为知道了粒子就知道了真空，这种观点是不对的，只有真正知道了"真空"，才能完全理解"夸克禁闭"。

分形理论的"芒德勃罗空集"同样揭示了空间维性，发现了万物生成从无到有、从隐到显、有无相生的规律。我们的对象是一个虚实相结合的整体，而且是正分维与负分维互存的生长整体，也正是不同的维性代表了科学认识的不同世界。而我们见到的现存世界都是生成的世界，而自身不被生成者这只能是"无"。

那么，我们可以简单地讲，奇点既是"无"，也是"有"；它既符合现代的物理理论，也符合古代"智者"的直觉。

这时空间与时间以混沌的方式交织在一起，时空没有连续性及序列性。这就是奇点，是宇宙自组织、自演化的开始。奇点内部是一群群疯狂跳舞的粒子，这群粒子十分自在、自为、自由，它们不知道什么是时间、什么是空间，就像《西游记》中孙大圣大闹天宫的景象。

由具有时空的量子状态的能量场（物质场、信息场）的量子涨落而导致时空本身量子振荡而产生膨胀，这就是由爆炸与膨胀而到普朗克时代：引力首先形成，其余三种力仍是不可分的，夸克与轻子互相转化。从大统一时代到爆胀时代，夸克与轻子独立，产生强子。在夸克与轻子时代，电磁力与弱力形成两种力量。至此，宇宙系统由涨落差异而产生的自组织生成了序列的涌现者。

这批涌现者是最原始的涌现、最原始的个体、最原始的系统（夸克、轻子、媒介子三大类共计约六十多种基本粒子）。

它们是宇宙演化、进化的全部内容的核心，是宇宙系统差异自组织的所有参与者，是宇宙演化的主要演员。它们是宇宙系统量子震荡的第一批序列涌现者。

我们应该伸开双臂热烈拥抱它们，因为宇宙起始的那一瞬间，产生的涌现的不是两极对立的系统，而是物质系统多元化的、多粒子、多种力互相作用的系统。如果谈宇宙观，应该从这一刻开始谈起。而不是从 100 多亿年后生成的地球以及生活在其上的人类的"宇宙观"。因为人也是自然演化的生成物，是自然演化中非常非常小的一个"分子"、"原子"、"粒子"。

整个宇宙，就是这些新的粒子、新的个体、新的系统以及它们身上的四种基本力，在非线性的互相作用下，粒子不断地产生、湮灭、重组、生长，生成新的层次、新的整体涌现、新的演化。导演出宇宙间的悲喜剧。

这些粒子可以用质量、能量、动量、角动量、电荷、自旋、方向、速度、寿命等指标来描述。这是宇宙差异自组织剧中最主要的演员。正是 CAS（Complex Adaptive System，简称 CAS）理论中讲到的最具有适应性、有能力的主体，会学习、善创造的主体。这些主体是一群正在排演的粒子演员，时间对它们来讲，既没有起点也没有终点，它们正在等待外部的变化，一旦有起伏，有震荡，它们就有回应、有应急，外界的变化就是它们的指令。这也是亨利·帕格森讲的"生命冲动"和"原始推动力"，是生物与非生物的共同根基，是万物的本源；是道教中的"道"；是儒教中的"仁"；是佛教中"常乐我净"的"涅槃"；是基督教中的"上帝"。

这些粒子的特征是：

第一，生下来就是协同作战的、协同"作戏"的。在通常所谓的市场经济竞争中，胜利的一方吃掉失败的一方，是零和的游戏。在它们这里，这种"人吃人的现象"是不存在的。它们之间的协作、共利、重组、加和、放大是最根本的。

第二，在这个宇宙差异自组织演化中，开始阶段正粒子与反粒子是对称的。当大统一时代结束，宇宙系统的分岔机制把反粒子淘汰出局，反粒子从此退出了宇宙系统进化的舞台。所以我们现在的世界是以正粒子与正物质，正质子与电子为主的世界。不存在反粒子，反物质与正粒子、正物质对立统一的世界系统。如果现在我们的地球和宇宙是正物质与反物质对称的，正电子与反电子对称的话，我们人类本身早已湮灭了。我们人类自身的存在就说明了正、反物质的不对称。事实上，宇宙越进化，宇宙越不对称，不确定性越高，自由度越大。李政道讲，宇宙开始时，是绝对对称的，在膨胀后，不对称的可能性近于无限大。因此，从本质上讲，宇宙的趋向是不对称的，因而导致了人类社会的非均衡、非对称、非和谐的随机性为主的态势。

在宇宙演化之中，自组织是一个对称性不断破缺的过程，起始的对称性破缺，导致了引力的产生，进一步的对称性破缺产生了重力，第三步的对称性破缺产生了弱力、电磁力。

生命的起源是宇宙演化过程中重大的对称性破缺，而人的出现，是具有自我意识生灵的诞生，更是一次重大的对称性破缺。

（二）自组织原理

自组织原理就是宇宙系统自我组织的差异协同的过程，是系统结构与功能在时空中的有序演化。

哈肯讲："如果系统在获得空间的、时间的或功能的结构过程中，没有外界的特定干预。"这里的"特定"是指系统的结构与功能不是外界强加给系统的，那么，这个系统就是自组织的。

　　自组织是一种典型的依次递增复杂性的物质系统的自我运动、自我发展的历史。也是从宇宙奇点混沌无序的状态到现在复杂性的、多样性的世界的演化过程。

　　自组织演化、进化的标志是对称性的破缺，系统的不断地演化，就是对称性的不断破缺的过程。自组织的产生有三个重要的条件：一是开放系统；二是远离平衡态；三是要素之间的非线性相互作用。

　　自组织交互作用的过程中有三个主要特征：第一，演化、进化的不可逆性，因为时间与空间一样是有形的，有方向的，每个粒子、系统、事物都有自己独立的时间与空间，自组（织）涌现有一个终极态，即耗能最少，体积最小，维数最少，自由能最小，势能最低，但效益最好的状态。第二，产生突变的可能性，即在分岔的临界点产生突变，涌现出整体性能，这个过程在本质上也是不可逆的。第三，现象的不可预测性，在分岔的临界点上，有多种的可能性，有多种的选择，取决于自组织与环境的选择，取决于它们之间的交互作用。

　　自组织作为一种普遍的系统演化过程有三种状态：一是从相对组织程度低到组织程度相对高的演化。称为自创生（或称为从无到有），也是复杂性增长的过程，增长是超循环的。它的结果是间断性的突变。二是连续性的渐变，它包括自调节、自重组、自适应、自会聚等。增长主要是非线性的。三是维持稳定型，如一个人在七年中身体上每个细胞都会更新一遍，但是这个人还是这个人，增长主要是线性的。但是这三种状态通常是交织在一起的，只是有时以一种状态性质为主导，所以系统物质演化是一个极其复杂的过程。

自组织按不同的标准，有多种模式，但是最根本、最始祖的是以粒子的自旋为自组织，包括方向、速度、寿命、角动量、能量、动量、质量、电荷等。他粒子的旋转为他组织，包括粒子的其他物理量。四种力通过媒介子的交换都是互组织。这只指在粒子世界中的相对区分，在人造系统与生物系统区分自组织与他组织及相互组织比较规范。

普里高津的耗散结构理论揭示了贝纳德对流与"B-Z反应"的本质，并为解决"克劳修斯"与"达尔文"的冲突提供了一个可行的模式，提出了一个三分子模型——"布鲁塞尔器"（Brusse-lator）（图3-1）。实际上，普里高津等人曾从实际的化学反应的动力学过程中总结和概括出一个这样的动力学模型，其模型思路如下：有一种催化反应，在这种反应中，一种产物的存在正是合成他自己所需要的，换句话说，为了产生分子X，我们必须从已含有X的系统开始。这种催化过程为：$A + 2X \rightarrow 3X$，这个反应所得的动力学方程为：

$$\frac{dX}{dt} = kAX^2, \qquad\qquad (3-1)$$

式中X的浓度变化率与它的浓度的平方成正比。又如有：

$B + X \rightarrow Y + D$

其中A、B是初始反映物，D、E是反映产物，他们保持不变，而中间组分X、Y可以有随时间变化的浓度。在X分子存在时，一个A分子转变为一个X分子，因此，我们需要X分子。这里最重要的是反应系统中的第三个自催化环节，描述这一行为导致非线性动力学方程。导致非线性对系统的特殊行为至关重要。因为在第三环节上形成了3个X分子，所以这个模型也称为"三分子模型"。

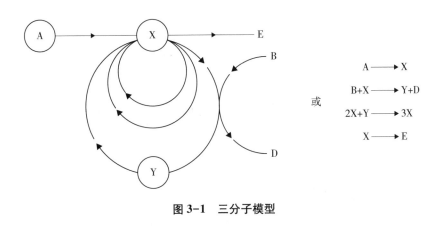

图3-1　三分子模型

X的浓度变化率与他的浓度的平方成正比，即反应所得的动力学方程为：

$$\frac{\mathrm{dX}}{\mathrm{dt}} = kAX^2$$

这个模型可以模拟宏观的自组织行为。把系统的方向性、复杂性、不确定性整合为一个自组织的动力学模型。

系统的自组织是系统之间协同运动形成的，协同学就是给出这种协同运动的条件与规律。如果循环反应本身构成了某种催化剂，那么就可以形成更高层次的催化循环，即催化循环本身作为催化剂的超循环。超循环有自我复制、自我选择以及自我创生的能力。

在生态系统中，有声有色的超循环起着某种决定作用，这是生态系统中的一种特色。超循环理论解释了在存在大分子自组织的进化中，自组织在物理化学层次上如何涌现出生命的整体宏观现象。在超循环反应中，增长不是线性的，而是双曲线型的，它既能保持稳定，又能相对独立，即能竞争也能进化，最终达到新的涌现的产生。

超循环是一个自然的自组织原理，它使一组功能上耦合的自复制体整合起来并一起进化。

在自组织进化中，超循环是一个极普遍的有效形式，可以把循环归结为以下基本模式：一是物理反应，二是化学反应，三是简单与复杂的生化反应，四是超循环反应。

宇宙从简单到复杂，从无生命到有生命，都是循环及超循环的各种不同表现。每循环一次都产生一个新的涌现，而不是简单型的黑格尔的"三段式"的发展，也不是简单地通过一个圆圈一个圆圈地再回归到起点的发展。超循环理论不仅仅是分子进化的自组织理论，而且也是对宇宙演化在整体上的描述。

维纳讲，信息是组织程度的量度，那么人类的追求，无非是在每个层次上获得最大的信息量。自然界也是通过一个又一个涌现，积累信息，不断完善优化自己。

（三）涌现（突现）原理

涌现的性质、功能与行为不等于各要素性质和功能、行为的简单相加。如果强调环境系统的作用，涌现的定义为：涌现的特性、功能、行为是要素间的非线性相干与自然系统选择的产物。如果从层次上定义，涌现是高层次具有低层次所没有的特性、功能、行为，也是这个层次上的极值、最优值。

自组织产生的涌现（性）就是相应层次的系统。新的相应层次的整体、新的层次、新的个体。这种机制是宇宙系统不断演化，不断进化的一种本能，一种自然的趋势，一种优化的驱动力，一种求极值的自然内在力。这种机制是世界多样性的基础，是系统自我优化、自我创造、自我设计、自我适应的最根本的属性。

涌现往往与整体性联系在一起，但涌现不是整体。涌现（性）具有整体属性，但整体不是涌现。一般讲，整体有两种：一种是有加和性，另一种是非加和性。我们把非加和性与加和性的差额叫作"剩余功能"。这个"剩余功能"是由系统的"剩余结构"引发的，也叫"剩余效应"。第一种的整体没有有机结构，也可以说"剩余结构"及"剩余效应"等于零，具有静态性。第二种是有系统整体性的整体涌现，它有动态性，这个涌现整体有层次性、结构性、功能性和自相似性，一旦生成，有不可逆性。因此涌现有突变特性及不可预见性。它是更高层次的要素，更低层次的系统。涌现是诸"适应性主体"之间与环境（客体）选择生成的整体属性，因此涌现具有强烈的动态性质和主体性质，而整体是构成的静态的存在。当然，也应该承认，这种区分都是在一定条件下，因而也是相对的。

比如，宇宙奇点处的爆炸与膨胀，最早生成的涌现：夸克、轻子、媒介子等等各种粒子，这些宇宙创生时期到强子、轻子时代宇宙的第一批涌现者，它们都有一项或者数项天生的潜能，如电磁力、弱力、强力、引力和质量、能量、动量、角动量、定向的旋转、速度、寿命等。这些潜能就是最原始的"冲动","原始的推动力",构成涌现主动性的最基本的"力"。

这些涌现者（粒子或要素或系统）构成了首批具有适应性能力的主体。由于这些主体的能动、努力、艰辛，由于它们的差异自组织性、适应性、自创性，演化出了我们现在的大千世界，包括我们的太阳系、我们的地球、我们的一切——繁荣与贫困，发达与落后，智慧与愚昧，公正与霸权，以及永不见缩小的马太效应。

不过，我们还是应该高呼：涌现万岁，它是上帝，它是宗教之祖。

在整体宇宙系统里，从爆炸奇点到人类的产生，一直到宇宙收缩期为止，存在着数个超大级的超循环和不断创新的涌现。

在 2001 年，科学家已经证明，宇宙的膨胀不是等速运动，它在 80 亿年后还会加速。

如元素的形成加速了自然界的进化；大分子的出现加速了生物的进化；细胞的出现加速了生物的生成；遗传基因的形成加速了意识的涌现等等。

如在生态系统，原始大气层的演变与生物的进化互相影响，形成相互加速的局面。

又如在物质与精神系统，哈肯讲，身体与精神终究是相互依存的，序参量就是我们的思想，子系统就是大脑神经之网络电化学过程。马克思也说："理论一经掌握群众，也会变成物质力量。"[1]

---

[1] 《马克思恩格斯文集》第 1 卷，人民出版社 2009 年版，第 11 页。

人类意识的进步又大大加快了社会的发展。美国的学者戴维·兰德讲，国家的进步与财富的增长，首先是体制与文化；其次是钱；但从头看起，越看越明显的决定性因素是知识。

历史学家汤因比讲，人类的关键装备不是技术，而是他们的精神。

这种超大级的超循环所产生的新涌现都是历史进步巨大的平台，都与伟大历史事件联系在一起的，因为它们本身就是一个伟大的事件。

这是艾根超循环理论的扩展与延伸，是把它推进到整体的宇宙史。在自组织序列结构中，涌现是最关键的层次，系统选择消耗最少的能量，取得最大的效益和获得最高的速度，每一个新的涌现比旧的涌现都更节能，结构更优化，这是涌现的本质，也是涌现不断地去创新、去创造的驱动力。生物系统为了生存、发展、繁衍，在环境的整体作用下，以最少的能量取得最大的效益（即生存的机遇）、最高效率（生存的空间），这是生物涌现的精髓。如蜜蜂的蜂巢，耗费最小，蜜容量最大，这也是涌现的终极性与不可逆性。如最大最小原理：耗能最小，体积最小，势能最低，维数最少，自由能最小。在实践中，条件的不同有时只能到满意，不是最优，有时甚至只能是比较满意。这种求极值的趋势就是涌现方向性，或称方向性原理。但这个方向不是任意的，只有符合量子理论中的量子方向，才是自组织涌现可能的演化方向。方向性原理渊源于宇宙首批涌现者具有适应性能力的主体——夸克、轻子、媒介子等等，以及它们具有的物理量和四种基本力。因此方向性原理对于涌现具有广泛的普遍性、重要性。

涌现的产生、演化、过程、模式和机制是系统自主的适应性学习、探索、创立和进化新的涌现过程——这是超循环以及超大循环的真髓内核。自组（织）涌现律是宇宙系统最普遍的最广泛的规律，是宇宙系统第一规律，它涵盖了宇宙演化的整体。

如果宇宙停止膨胀，太阳系走出现在的最优状态，开始收缩，那将是人间的真正悲剧。

在分形自组织涌现中，从宇宙爆炸膨胀、混沌初开，大自然已经利用分形自组织的原则创造着世界。宇宙万物不仅以分形的自组织存在着，而且还以自组织分形的方式生成演化着。

自然界自组织的分形：天上的闪电、雪花、星系、云彩，地上的河流山脉、海洋、花草树木；生物学上的重演现象、生物全息现象，它们的维数都在 2.73—2.79。人的生理构造更是典型的自组织分形：血管是树状分形，人体中没有一个细胞与血管的距离超过 3—4 个细胞，而血管和血液只占了人体 5% 的空间，人体的脏腑都是体积分形，人的肺是以最大可能的面织，占最小的空间，普通人的肺其面积展开后，比网球场还大，这完全符合自组织的基本规律：最大最小原理。时间分形如有机体胚胎发育过程中的简略浓缩方式，迅速重演其种族进化阶段。再如个体的认识过程都重演了人类认识的主要阶段，由此诞生了生物分形工程，这也说明了干细胞为什么有全能性。

中医穴位分形、穴位群，都是人体的缩影，因此系统的分形思维即系统的经络学说，是研究中医的根本思想。大自然生成的奇怪吸引子，它有无穷嵌套的自相似结构，是一种典型的自组织分形现象。

自组织涌现规律在实践中有着极其广泛的应用：

首先，在中国的经济体制改革，国企改革、民营经济的发展、金融改革等领域的实践中，所有的难点都与对自组织的认识有关，都与被改革的单位的"自组织"有关，都与用非自组织性原理而制定的政策有关。比如宏观上的自组织，包括国家宏观调控体系的形成，市场制度的规范与市场中介组织的建立等等；从过程来看，包括市场经济法规的逐步完善，社会自组织的进步，城市自组织的形成等等；在微观上，城市中社区的自组织，农村的村民自组织，企业的自组织是否有活力等，这些都取决于被改革的相关机构的自组织结构是否优化。

其次，自组织原理在政治体制改革中，在国家宏观层面上，主要表现为制度建设、法规制定、党派规范、机构设置、分权管理及分权制衡等等。

在微观上，自组织表现为：乡镇、村、居委会、学校、医院、企业单位以及村民、居民的自我管理，自治的民主化机制，我们应该推动培养公民的自组织意识，而不是相反，等等。

凡是个人、单位、团体自组织有效率的时候，政府都不应该介入。凡是自组织无效的空间，他组织才能准入。

一种社会系统，或是一种生态系统，自组织化程度越高，这种社会或生态系统就越先进，越具有可持续发展的能力，进化也就越快。一个自然人也是这样。这恰好符合马克思毕生的追求："自由人的联合体"。

比如，在我国古代的春秋战国时期，应该是中国古代社会自组织最发达的时期。后来秦朝的"大一统"、汉朝的"罢黜百家，独尊儒术"、明朝的特务组织和每个县里的"剥皮厅"、清朝的"文字狱",这些时期,中国社会的皇权组织达到了顶峰;这些都是中国落后两千多年的根本。因此中国的改革与发展,是自组织的过程,是宏观、中观、微观自组织化协同进化的过程。这是历史的必然,这是社会发展演化的必然。

系统哲学指出:涌现是系统自组织演化最辉煌的硕果,它是系统演化的根本基石,是宇宙之砖。这首批涌现者是下一个层次的催化剂,新的涌现又是再下一个的催化剂,往复循环以至无穷。

每一个新涌现的产生周期越来越短,速度越来越快,可预测性越来越低。当代科学与技术的周期、经济与社会的周期、人类智慧的周期都证明了这一点,人类社会的发展历史也证明了这一点。①

二、涌现研究的普适数学框架

1. 给所研究的系统一个正确定义,它应当包括将会影响这个系统的将来行为和历史情况的各个方面;

2. 给出系统的转换函数,把策略确切定义为极小极大原理提供理论基础,使所得普适理论必须为研究其他带有涌现现象的系统提供类似的工具;

3. 给出一组数量较少的规则,这些规则对涌现研究来说,具

① 参见乌杰:《关于自组织涌现哲学》,《系统科学学报》2012年第3期。

有确定较大复杂领域的能力；

4. 考虑主体在大环境中的行为，使其在每一种情况下，都能将这些主体行为描述成处理的物质、能量或信息，他们可以产生像物质、能量、信息的传递这样的行为。

假定这些状态属于可区分的一个有限集合 S：

S：$\{S_1, S_2, S_3\}$

其中，S_1 表示一种可能的状态，余同。将当前机制的输入值和当前的状态作为和转换函数 f 的初始参数，就可生成机制的下一个状态。

设第 j 个输入为 I_j，而

$$I_j = \{i_{j1}, i_{j2}, i_{j3}, \cdots\}$$

定义

$$I = \prod_i I_i = I_1 \times I_2 \times I_3 \times \cdots \times I_k \tag{3-2}$$

于是转换函数可定义为：$f: I \times S \to S$
或

$$f: (I_1 \times I_2 \times I_3 \times \cdots \times I_k) \times S \to S$$

对于特定时刻 t，有 S（t），I_j（t）……及在（t+1）时刻，f 按下列公式确定：

$$S(t + 1) = f(I(t)),$$

$$S((t)) = [f'_1(l_{1,f}(t)), \ S(t), \ \cdots, \ f'_n(l_{n,f}(t)), \ S(t)]$$

$$(3-3)$$

其中,

$$f_{x,f} = \prod_i l_i = l_1 \times l_2 \times \cdots \times l_{k(x)}.$$

$$(3-4)$$

此处,$f_{x,f}$ 包含了所有由外界 C 指定的输入值,它将作为指定给 C 的转换函数的输入。我们给出下列表达式:

$$l_C = l_{1,f} \times l_{2,f} \times \cdots \times l_{n,f},$$

$$(3-5)$$

用这个表达式指明输入的取值。

　　这就是说,f 根据机制在 t 时刻的状态 $S(t)$ 的赋值和输入 $\{I_1(t), I_2(t), \cdots, I_k(t)\}$ 来决定机制在下一个瞬时刻,即 t + 1 时刻的状态 S(t + 1),得出 t + 1 时刻后可以继续如此得出以后时刻的状态。反复使用函数 f 可以生成连续的状态,利用函数 f,推导出 t + 2 时刻的 S(t + 2),类似地,还可以得出 t + 3, t + 4 时刻的状态。在输入组合序列 I(t),I(t+1),I(t+2),……的影响下,反复使用函数 f,可以生成连续的状态,即所谓机制的状态曲线,这也是生成过程的特征。由此可见,涌现现象是以相互作用为中心,它比单个行为的简单相加复杂得多,转换函数能够生成固有的涌现现象。这就是说,涌现首先是一种具有耦合性的、前后关联的相互作用,这些作用和这个作用所产生的系统都是非线性的。

　　值得注意的是,"在自组织序列结构中,涌现是最关键的层次,系统选择消耗最少的能量,取得最大的效益和获得最高的速度,每一个新的涌现比旧的涌现都更节能，结构更优化，这是涌现的本质，也是涌现不断地去创新、去创造的驱动力。"①

三、自组织效应

系统哲学指出："如果我们从系统的整体去研究，我们就会碰到时空系统中的内在演化力量，这是一种内在的不可逆的描述，是实在性的存在转向时空生成演化的现实存在。在今日人们的科学视野中，就会发现多样性、偶然性、演变性、比简单性、稳定性、必然性，更普遍更基本。自然界的历史就是自组织的历史，自然界的演化就是从简单到复杂，从无序到有序的进化。"②

我们知道，一切事物、系统皆为物质所构成，它们都必须服从物理学规律。对于化学、生物学等，人们已不再怀疑在理论上用物理过程来阐明基本的化学和生物学反应过程；按照物理学的基本规律，特别是热力学的规律，来理解自然界的巨大的涨落现象，形成了自然界的有序状态；生命体和无生命体在其内部组织和外部环境的作用下都能自发组织，产生有意义的过程。

从社会学的角度看，自组织现象也是明显的，例如，整个群体的行为似乎突然倾向于一种新的概念，或倾向于一种文化思潮，或突然出现一种新的风尚。例如，一种新画派或一种新的文学风格、

---

① 乌杰：《关于自组织涌现哲学》，《系统科学学报》2012 年第 3 期。
② 乌杰：《关于自组织涌现哲学》，《系统科学学报》2012 年第 3 期。

新的社会舆论的形成等现象的出现，等等。

　　舆论的形成、社会集团的活动显然会受到协同合作的影响。但对于某一个个体来说，大量的因素共同起作用，而起决定作用的是哪些，却是未知的。处理这种问题有一定难度。解决问题的办法，是设法找出描述社会的宏观量。虽然"意见"是个很弱的概念，但舆论却可以量化。譬如，用投票或表决的办法。可以用 R_+ 和 R_- 来表示两种正反意见。R_+ 和 R_- 数目的改变就是协同作用的结果，是合作效应。也是一个单位时间的跃迁概率问题。若记跃迁概率分别为：

$$P_{+-}(R_+, R_-) \quad \text{和} \quad P_{-+}(R_+, R_-)$$

则可给出概率分布函数 $f(R_+, R_-, t)$ 的主方程①，进而求解。问题的难度在于如何确定跃迁概率，因为各种因素的影响具有随机性。分析表明，根据群体意见分歧情况和社会影响的大小，最终会出现一种中心型分布，或是一种"分极现象"。

　　所有这种自组织现象具有非常惊人的一致性，似乎有一双无形的手在把一切都安排得井然有序。这只"无形的手"就是哈肯定义的序参量（或序参数）。自组织过程实乃一种物理学中的非平衡相变，系统的性质发生令人难以置信的改变。这种自组织现象的基本特征有：

　　1. 系统的开放性——非平衡态热力学证明，远离平衡是发生非平衡相变的必要条件，所以实现非平衡相变的系统必然是开放

━━━━━━━━━━

① 详见本章第五个问题。

系统。

2. 系统的协同性——平衡相变和非平衡相变都是协同现象，在相变点附近，系统的子系统都将卷入该行动中。有两种情况：一种是平衡相变时，子系统是微观层次的粒子，导致长程相关的是微观的相互作用；另一种是非平衡相变时，子系统一般是中观描述的单元，导致长程相关的是驱使系统远离平衡的外部非平衡约束。

3. 系统的随机性——理论物理学告诉我们，有耗散的地方，必然伴随有涨落。必然使系统呈现随机性。临近相变点时，发生自组织过程，涨落的作用是决定性的。

在临界点，涨落可能被放大，引起系统的不稳定，驱使系统在一些对称态中作出选择，导致对称破缺；由于涨落的存在使得系统可能越过势垒，向附近势能更低或几率较高的态扩散。

现在进一步说明序参量的含义。

对于开放系统，各组成部分不断地相互探索新的位置、新的运动形式或新的反应过程，系统的很多部分都参与这个过程。在不断输入能量的影响下，一种或几种过程占了优势。

这些占优势的过程不断加强自身，不断增长，最终支配了其他运动形式，这种新的运动方式即所谓新的宏观结构。

若有几个这样的集体运动，我们也称为序参量，有着相同的增长率，在一定的条件下，它们相互合作并产生一个全新的结构。为了使增长率为正数需要有充分的能量输入，在输入能量的某个临界值下，系统总的状态发生宏观的改变，出现新的有序性。

四、自组织临界性（self-organized criticalty）

自组织过程表现为涨落，涨落可理解为线性热力学过程，自组织临界点，就是系统由线性向非线性发展的转掠点，就是线性非平衡态热力学过程走向非平衡态非线性动力学过程的分叉点。系统的这一发展过程尽管不能依靠单纯热力学方法来确定，但从热力学理论还是可以得到一些关于过程的发展趋向，可以由热力学涨落理论得出临界性的特征。

巴克、汤超和维森费尔德等人举出了沙丘崩溃（Sandpile meta-phor）现象和地震震级与发生次数的相关现象的例子，认为地震发生的次数与震级间有一定的关系，即震级高一级的地震要比低一级地震的发生次数少 10 倍，每提高一级，发生的次数就减少 10 倍。于是提出了关于复杂系统的自组织临界状态规律，认为系统的流、关联尺度和其他参数都服从幂函数律的新理论。

这里所谓临界性是指在某一小的扰动通过某种介质最终影响全局，从而引发大的转化。最常见的例子是水冷却时变成冰，受热变成气，在相变点，物质处于临界状态，温度的变化控制着临界性，这种临界性是短暂的，并随即让位给固态或液态、气态。

现在巴克（Bak, P.）等人所说的自组织临界性并不如此，它依靠所产生的崩塌而维持自身的一种状态。他们认为，生态系统把自身组织成临界状态，在这种临界状态中，连续的灭绝、重组使得系统达到动态平衡。认为临界状态并不是有序与无序的边界。

自组织临界性显然是一种正在发展中的系统的一种特征它描述一种高度相关联的状态，小的扰动有可能迅速地传播开来，且可能不存在所谓特征尺度，而出现自相似甚至出现分形（fractal）样的特殊景观。总之，自组织临界性不可能成为普遍的特征，许多问题需要我们去研究。奥斯陆大学以一维情况下的米粒滴落做了实验，得出了不完全相同的结论。特别是对于复杂适应系统的研究，应该把各种复杂因素考虑进去进行分析和探讨。

我们现在根据系统哲学原理来考察这一物理现象。实际上，任何复杂系统在运动、发展、演化的过程中必然遵循系统辩证学的科学规律发生变化，在差异协同作用下，必将涌现出自组织过程。"产生涌现的重要过程、模式机制是系统的自主的适应性学习、探索、创立寻找新的涌现——这是超循环以及超大循环的内核。自组织涌现律是宇宙系统最普遍的最广泛的规律，是宇宙系统第一规律，它涵盖了宇宙演化的整体。"① 由于涨落，这种变化不一定是连续的，有时大有时小，且具有随机性。系统变化的特征是系统能量的变化，也就是说，出现大小涨落的概率 p 取决于系统的热力学量，即熵的变化。由爱因斯坦公式得出涨落应服从下列公式：

$$p(\Delta S) = \exp\left(\frac{1}{k_B}\Delta S\right) , \tag{3-6}$$

或用熵的二级偏离表示，即：

---

① 乌杰：《系统哲学》，人民出版社 2013 年版，第 83 页。

$$p(\delta^2 S) = \exp\left(\frac{1}{2k_B}\delta^2 S\right) \tag{3-7}$$

其中 ΔS 是因涨落引起的熵变。$\Delta S < 0$ 及 $\delta^2 S < 0$，为因涨落引起的熵的二次偏离，k_B 为 Boltzmann 常数。已经证实，上述爱因斯坦涨落公式对于系统的平衡态和非平衡态都是正确的。

以上两式所表达的是 ΔS 或 $\delta^2 S$ 越小，概率就越大；反之，ΔS 或 $\delta^2 S$ 越大，则概率就越小。容易理解，ΔS 的大小代表了涨落的大小，或即系统状态变化的大小。以上结果是根据了系统哲学原理得出。我们得到的是按指数函数变化的规律。根据 20 世纪 60 年代，瑞典乌普萨拉（Uppsala）地震研究所的学者 S. J. Dudada 对近半个世纪的地震资料做的分析。同时对 K. Khristensen（2005）给出的资料做了比较，均支持这一结论。[1] 显然，与"幂次定律"的结果不同，值得深入分析研究。特别是巴克理论与公认的以协同进化为特征的盖亚（Gaia）假说难相吻合[2]。

五、支配原理与序参量

由此可见，协同学的基本概念可概括为：支配原理、序参量和序参量方程。

------

[1] Christensen K.：《复杂性和临界状态》（*Complexity and Criticality*），复旦大学影印，2006 年。

[2] 参见附录二。

其处理自组织问题的程序为：

1. 对系统作线性稳定分析，确定稳定模（快变量）和不稳定模（慢变量）；

2. 用支配原理消去稳定模（即快变量），建立序参量方程；

3. 解序参量方程，决定系统的宏观结构。

具体做法是：将控制参数调到临界值，使系统线性失稳，系统失稳后，才能进入自组织状态。

此后，其性质将发生什么变化？系统在控制参数超过临界值后，将以怎样的新态稳定地存在下来？新态是否具有宏观结构？这就需要分析 $\mathbf{q}$ 中，分量为 q_i 演化的快慢，或 $\mathbf{q}$ 的各模式演化之快慢。从而得到一个或少数几个慢变量或慢变模式的封闭方程，这就是序参量方程。

支配原理就是把数学上难以求解的一组非线性方程简化为一个或少数几个序参量方程。

协同学认为，慢变量或慢变模式决定着系统的宏观结构（或宏观序），故称慢变量或慢变模式为序参量。

正如 Hermann Haken 所说，当我们改变控制参数，系统可能经受线性失稳，这时线性化算子有本征值实部变号，这意味着它变得很小，支配原理可以应用了。因此，我们可以期望此时出现结构的变化，系统行为就由序参量单独来决定。

把一个高维的非线性问题归结为用一组维数很低的非线性方程（即序参量方程）来描述。序参量方程控制着系统在临界点附近的动力行为。通过求解序参量方程可以得到时空结构。

自组织是开放系统在子系统合作下出现的宏观上的新结构。其外部条件的作用是通过控制参数来调节系统、感应子系统，使之进行合作。

产生自组织的情况可以有因组份数目的改变导致产生自组织或由于瞬变产生自组织。

现以瞬变产生自组织为例给予说明：设有态矢

$$q(x, t) = u(t) v(x) , \tag{3-8}$$

其中 $v(x)$ 描述空间序，而序参量方程为：

$$\frac{du}{dt} = \lambda u , \tag{3-9}$$

这样，当控制参数 α 十分快地在临界值上下变动时，即使得 $\lambda < 0$ 很快被 $\lambda > 0$ 所代替，或相反，就出现形如

$$q(x, t) = e^{\lambda t} v(x) \tag{3-10}$$

的瞬变态矢。它描述某种结构，但不一定是一个新的稳定态。

求解序参量方程需要通晓非线性数学理论和随机过程的数学理论等。根据实际问题建立起来的序参量方程，可能是随机变量本身的演化方程，也可能是随机变量的概率密度的演化方程。很多情况下的序参量方程属于著名的 Langevin 方程（经常要变换成与之等价的、有经典解法的 Fokker-Planck 方程），另一些情况则可能是主方程（Master Equation）。主方程是描述随机运动的方程，其概率分布是随时间变化的一类方程。

现在我们了解一下，如何从一个大系统中的一个子系统或即一

个粒子随机行走（运动）的模型，导出前面提到的主方程。

设有一个随机运动的粒子，我们将建立在 n + 1 次推动后，粒子的位子在 m = 0，±1，±2，±3，……位子概率的方程，n 次移动后位于 m - 1 和 m + 1 的概率为 p(m - 1，n) 和 p(m + 1，n)，因此粒子跳动有两种可能性。我们把概率记做：p(m，n + 1)，因而，它由两部分组成。考虑到，粒子从 m - 1 到 m 的跃迁概率为：

$$w(m,\ m-1) = \frac{1}{2}(=p) \qquad\qquad (3-11)$$

考虑到一个粒子在 n 时位于 m - 1 而在 n + 1 时跳到 m 的概率为 w(m，m - 1) p(m - 1，n)，类似地，得粒子来自 m + 1。无论粒子来自 m - 1 或来自 m + 1，他们都是独立事件，故 p(m，n + 1) 可写为：

$$p(m,\ n+1) = w(m,\ m-1)\,p(m-1;\ n) + w(m,\ m+1)\,p(m+1;\ n)$$
$$(3-12)$$

其中

$$w(m,\ m+1) = w(m,\ m-1) = \frac{1}{2} \qquad\qquad (3-13)$$

实际上有：

$$p + q \equiv w(m,\ m+1) + w(m,\ m-1) = 1 \qquad\qquad (3-14)$$

现在把上面讨论的问题推广到与时间有关的过程，现在考虑几步时位于 m 和 n + 1 步时位于 m 的粒子的概率为：

$$p(m,\ n+1,\ m',\ n) = w(m,\ m')\,p(m',\ n) \qquad (3\text{-}15)$$

其中 w 为条件概率。注意到，$m \neq m'$，$|m - m'| = 1$，故有

$$w\ (m,\ m') = 0$$

现在将（3-5）作进一步的变换，令

$$\frac{w(m,\ m \pm 1)}{\tau} = \tilde{w}(m,\ m \pm 1) \qquad (3\text{-}16)$$

此处 $\tilde{w}(m,\ m \pm 1)$ 为单位时间的跃迁概率，将（3-5）的两边减去 p(m, n) 除以 τ，由式（3-14）得：

$$\frac{p(m;\ n+1) - p(m;\ n)}{\tau} = \tilde{w}(m,\ m-1)\,p(m-1;\ n) + \tilde{w}(m,\ m+1)$$

$$p(m+1;\ n) - [\tilde{w}(m+1,\ m) + \tilde{w}(m-1,\ m)]\,p(m;\ n) \qquad (3\text{-}17)$$

上式中，两个 $\tilde{w}$ 都等于 $1/2\tau$。

由关系式 $t = n\tau$，及概率测度

$$\tilde{p}(m,\ t) = p(m,\ n) \equiv p(m;\ t/\tau) \qquad (3\text{-}18)$$

于是式（3-17）可写成：

$$\frac{\mathrm{d}p(m,\ t)}{\mathrm{d}t} = w(m,\ m-1)\,p(m-1,\ t) + \tilde{w}(m,\ m+1)\,\tilde{p}(m+1,\ m)$$

$$- [\tilde{w}(m+1,\ m) + \tilde{w}(m-1,\ m)]\,\tilde{p}(m,\ t), \qquad (3\text{-}19)$$

方程（3-19）即所谓主方程。

对于某些特殊情况，上述主方程可以化为简单的 Fokker-Planck 方程，这时求解就不再困难。

现在解释一下著名的 Fokker-Planck 方程。

假设有力 K 作用下的一个粒子的过阻尼运动，令位移为 q，则有：

$$\dot{q}(t) = K(q(t)) \tag{3-20}$$

显然 q(t) 为方程的解，我们想寻求该粒子处于某坐标 q 的概率，若 q ≠ q(t)，则概率等于零。那么，什么样的概率函数当 q = q(t) 时，q 的概率为 1，而其他情况为零。为此，令概率密度为：

$$p(q, t) = \delta(q - q(t)) \tag{3-21}$$

已知

$$\int_{q_0 - e}^{q_0 + e} \delta(q - q_0)\, dq = \begin{cases} 1, \\ 0, \text{（积分区不包括 } q_0\text{）} \end{cases} \tag{3-22}$$

下面我们是想找概率分布（密度）所满足的方程。为此，将 p 对 t 求导，运算后得：

$$\dot{p}(q, t) = \frac{d}{dq(t)} \delta(q - q(t))\, \dot{q}(t) \tag{3-23}$$

或

$$\dot{p}(q,\ t) = -\frac{d}{dq}(K(q)\ p) \tag{3-24}$$

对于一维情况，对于运动路径 1 和 2，分别为：

$$p_1(q,\ t) = \delta(q - q_1(t))\ ,\ p_2(q,\ t) = \delta(q - q_2(t)) \tag{3-25}$$

还可考虑 n 个路径。

若令路径 i 出现的概率为 p_i，则概率分布可写成：

$$f(q,\ t) = \sum_i p_i \delta(q - q_i(t)) \tag{3-26}$$

其平均值可记作：

$$f(q,\ t) = \langle \delta(q - q(t)) \rangle \tag{3-27}$$

计算式（3-26）很麻烦，因需给出整个时间进程中的冲击概率分布。现设法给出 f 的微分方程，即：

$$\frac{df}{dt} = \frac{d}{dq}(\gamma qf) + \frac{1}{2}Q\frac{d^2f}{dq^2} \tag{3-28a}$$

或

$$\dot{f} + \frac{d}{dq}\left(Kf - \frac{1}{2}Q\frac{df}{dq}\right) = 0 \tag{3-28b}$$

或简化为：

$$\dot{f} + \frac{d}{dq}j = 0,\quad j = \left(Kf - \frac{1}{2}Q\frac{df}{dq}\right) \tag{3-28c}$$

以上三个式（3-28）即所谓 Fokker-Planck 方程。

其中

$$K = \gamma q \qquad\qquad (3-29)$$

称为漂移系数（又称拖拽系数 drag coeffient），Q 称为扩散系数。

以上做法可以推广到多维场合。

下面举几个例子：

无论是经济现象还是商业行为或其他问题，至少在一定范围内可以借助数学规律来描述，而基于数学关系的相似，就可以知道结论也是相似的。高度复杂的经济生活提供了大量协同效应的例子。

例如，某种商品专卖店一条街，就是以一个集体的方式对顾客产生较大的吸引力，以集体的力量排挤孤立的商店。

又如，人们对文化生活和经济联系等方面的要求，使得城市越来越大，卫星城越来越多，城郊住宅区越来越多，等等，都是协同效应的结果。

实际上，序参量有两重作用：一方面支配子系统，另一方面又由子系统来维持。舆论这个序参量也遵循这个原理，它不但影响民众，同时也影响政府。使之上下和谐协同工作，出现有序状态。例如，大型聚会会场，逐渐分成小集团议论，各小集团的话题会逐渐趋于一致从而形成舆论，成为序参量，进而影响组织者，出现协同进步现象。

由此可以理解协同学的哲学思想包括：

1. 协同性与统一性，即说明了所有事物都有差异，但在相变时各个元素协同作用使得事物本身都有相同的演化规律，说明事物有统一性，可以说协同学来源于物质统一性思想。

2. 有序度与序参量，说明系统的有序无序状态称为有序度。有序度为一宏观整体概念。在耗散结构理论中有序度用熵来度量，在协同学中用序参量概念来代表系统的有序度。用序参量的变化来描述系统有序与无序的变化。序参量呈指数增加到达某一"饱和值"，在临界点上发生突变。

3. 慢变量与快变量的关系，即在系统演化过程中，有的元素暂时起作用，有的则长期起作用。称为快变量和慢变量。慢变量是主宰系统最终结构和功能的有序度的序参量。

六、吸引子与自组织效应

"大自然生成的奇怪吸引子，它有无穷嵌套的自相似结构，是一种典型的自组织分形现象。……分形自组织涌现中，从宇宙爆炸膨胀、混沌初开，大自然已经利用分形自组织的原则创造着世界。宇宙万物不仅以分形的自组织存在着，而且还以自组织分形的方式生成演化着。"①

在大千世界里，任何事物、系统的演化和运动都必须服从一定的系统哲学规律。它们的运动规律都可以用数学方法进行描述，一般可归结为微分方程或微分方程组的求解问题，对于线性系统的微

---

① 乌杰：《关于自组织涌现哲学》，《系统科学学报》2012年第3期。

分方程都有确定形式的解，即系统运动的任一时刻的状态都是确定的。例如，某系统可以简化为下列二阶常微分方程：

$$\ddot{x} + \omega^2 x = F(t) \qquad\qquad (3\text{-}30)$$

而另一个相似的系统却只能简化为下列非线性微分方程：

$$\ddot{x} + \omega^2 x + \beta x^3 = F_0 \cos\omega t \qquad\qquad (3\text{-}31)$$

显然方程（3-30）（也可写成一阶微分方程组），其在相空间中的轨道一般都有可逆的特点和确定的形式。这些确定形式的轨道就完全确定了该系统的运动［图3-2（a）］。而方程（3-31）［同样也可写成一阶微分方程组 $\dot{x} = f(x)$ ］所描述的是一个非线性系统的运动，情况就大不一样了，由于这类系统的某些不确定性、不可逆性、随机性、对初始条件的敏感性以及混沌运动等复杂因素，使得用单一轨道难以刻画这种非线性系统的全部运动特征，而需要用一组轨道来描述非线性系统的动力行为。注意到，对于线性系统根据刘维定理，即系统在运动过程中其相体积保持不变。也就是说矢函数 f 的散度等于零（$\nabla \cdot f = 0$），而对于非线性耗散系统则有 $\nabla \cdot f \neq 0$，且由于运动过程中的阻尼效应使得（$\nabla \cdot f < 0$），就是说相体积发生收缩。所有轨道的集合由于相体积收缩的原因，最终形成一个不随时间变化的集合或流形，即吸引子（attractory）［如下图3-2（b）所示］。对吸引子特性的分析研究，可以了解系统的运动特征。

吸引子除规则运动的简单吸引子［也称为谓平庸吸引子（trivial attractor）］外，还有所谓奇怪吸引子（strange attractor）。

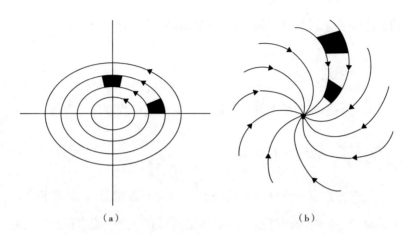

（a）　　　　　　　　　　（b）

图 3-2　线性系统（a）和非线性系统（b）运动时相面积的变化图

当系统作混沌运动时，其相空间往往受到折叠作用，这就使吸引子有十分复杂的特性和结构，这种吸引子称为奇怪吸引子。它有以下特性：

1. 吸引子以外的一切轨线最后都吸引收缩进入吸引子中，所以说，系统整体是稳定的。但就吸引子内部的运动来说又是不稳定的。因为可以证明，相邻轨道间以指数形式相互排斥而分离。所以说，系统的局部运动是不稳定的。

2. 混沌运动的吸引子除了是由轨道分离和收缩外，还经过了大量的折叠而形成。这就说明，运动轨线不可能填满整个收缩区。可以观察到细微的自相似结构。这种结构称为分形（fractal）。

3. 奇怪吸引子的维数 d 往往不是整数，因为它具有无穷层次的自相似结构，其维数就不可能是整数。现在以二维洛仑兹吸引子（图 3-4）为例说明这一问题。由图可见，显然它比一维的闭曲线占有更大的空间，而又不像二维曲面那样连续占有一定空间。因而它的维数必定是在 1 和 2 之间的一个非整数。可见，分数维可以作为描述非线性系统的一个重要特征量。

下面以 Rössler 系统为例说明吸引子的形成，观察下列 Rössler 非线性方程组：

$$\begin{cases} \dot{x} = -y - z \\ \dot{y} = x + \lambda y \\ \dot{z} = \beta + z(x - k) \end{cases} \quad (3\text{-}32)$$

若式中 z 很小，可以略去，即有：

$$\begin{cases} \dot{x} = -y \\ \dot{y} = x + \lambda y \end{cases} \quad (3\text{-}33)$$

此即线性振动方程：

$$\ddot{x} - \lambda \dot{x} + x = 0 \quad (3\text{-}34)$$

方程（3-34）是一个线性振动系统，而非线性方程（3-32）的一周期运动、二周期运动……多周期运动，……，在 $\lambda = \beta = 0.2$，$\kappa = 5.7$ 的情况下，则逐渐形成下图 3-3 所示的奇怪吸引子的过程。

上述在不同过程中的吸引子所占的空间是不同的，和同一某地区水资源的分布和人口的分布情况不同，因而它们的维数也不同，且明显不是整数。

观察下面的洛仑兹方程组：

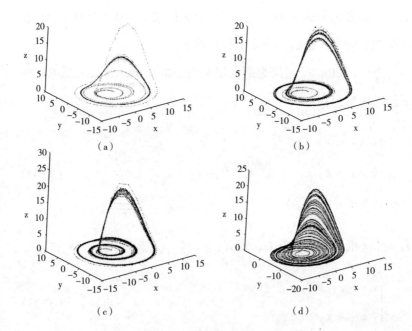

图 3-3 Rössler 系统奇怪吸引子的形成过程

$$
\begin{cases}
\dot{x} = -\lambda x + \lambda y \\
\dot{y} = -xz + \mu x - y \\
\dot{z} = xy - \alpha z
\end{cases}
\tag{3-35}
$$

当取 λ=10，α=8/3，μ=1.3456…，时有下列奇怪吸引子（图 3-4）。

从不同角度〔在 xz 平面内，如图 3-4（a）、（b）、（c）；在 yz 平面内，如图 3-4（d）〕观察洛仑兹奇怪吸引子，不难发现所有的线条都不相交。

几何体的维数有多种定义，有拓扑维数、豪斯多夫维数等等。

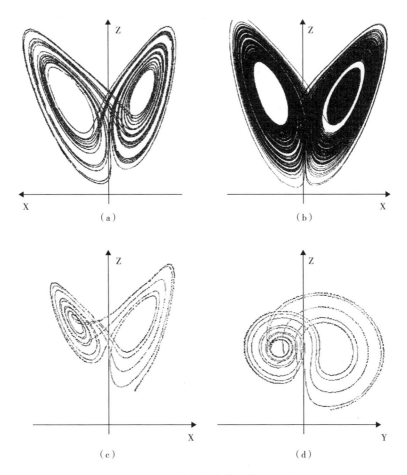

图 3-4　不同维数的洛仑兹奇怪吸引子

经典几何学中，在欧几里得空间内讨论几何形体的维数就是拓扑维数；分形几何的分数维数常采用豪斯多夫维数。

　　系统哲学告诉我们，**各种不同的物质系统，都处于物质、能量、信息永不停息的运动中，都以不同的方式实现着优化的存在状态或优化的发展过程。系统各部分（各子系统）间的相互作用，**

一般地讲是非线性的。**系统的整体优化，包括两方面：一是任一系统在其内部子系统间进行自行调整，在一定条件下发生自组织现象，出现宏观结构变化，即所谓"相变"；二是系统发生相变时最终会取最佳状态。**这种最终状态就是系统的吸引子，是平庸吸引子还是奇怪吸引子要根据系统的运动特征来决定。

但复杂系统在和谐运转、发展过程中，影响系统运转的因素很多，这些因素统称为参变量，那些快变参变量将逐渐失去控制能力，而只有少数几个慢变参变量（称为序参量）起整体控制作用，形成所谓慢变模，即由序参量控制的运动方程（也称为序参量方程）。慢变量或慢变模式决定着系统的宏观结构（或宏观序）。系统的演变过程都要经过这样的程序，且具有自相似性。有的由于随机作用较弱而具有明显的自相似性，有的随机作用很强使得其自相似性不明显，或为拟自相似性。但自然发展的规律告诉我们，统计自相似性的分形结构是真实客观世界几何学分析的对象。芒德勃罗（Mandelbrot B. B., 1924—2010）指出："最有用的分形涉及机遇，无论它是规则的还是不规则的都是有统计意义的。"

在自然界及社会问题的不规则形态具有普遍性，分形为描述不规则集（系统）提供了良好的框架。

七、分形与分维

现在说明分形的标度不变形。我们已知，事物、系统的发展演化的规律一般可以用一组偏微分方程来描述。这组方程可能描述了一种混沌运动，初始条件的微小变化，会引起系统运动的很大差异，使得问题的解变得不可预测。系统哲学指出：系统是进化的，有产生、发展、消亡的历史过程，这个过程是不可逆的，在临界点上有突变的可能性和现象的不可预测性，系统行为轨迹不是绝对的必然的。这类问题的求解可以从统计的角度来研究，而统计学往往是分形的。

系统哲学认为，客观事物、物质、体系、复杂系统的发展、无一例外地服从系统哲学的基本规律。这些基本规律本身具有科学性，同时具有标度不变性（近似的或统计的）。也就是说，无论所讨论的问题（社会的、自然科学的）的巨细情况如何，在标度（scale）变化下，具有不变的结构或集合，而且还可能会具有无穷层次的自相似结构。但当这类分形结构的一部分（子系统）小到一定程度时，自相似性将不复存在。通常把自相似的尺度范围称为无标度范围或无标度区。这种无标度范围的大小就是所谓特征长度。在小于特征长度的尺寸（标度）时，或是说在无标度区以外，自相似性不复存在。但对于人为区划分割的完全规则分形，就不存在有限的无标度区，也没有特征长度，即具有无穷层次自相似性。

"当代世界是一个多样化、复杂化的世界，经济的全球化、政治的多极化、文化的多元化使人类的活动范围大大扩展，世界的联系越来越广泛，科学发展的广度和深度超过了历史上任何一个时代。"①

---

① 乌杰：《和谐社会与系统范式》，社会科学文献出版社 2006 年版。

　　世界事物、系统的多样性与复杂性在用几何学的观点观察时，就可以表示为不规则、非圆非方、非连续、非光滑、奇形怪状的"不可名状"的形态。分形为研究这种复杂现象提供了科学的方法。实际上，称为分形的事物、系统的结构都有其内在的规律性。如前所述，在一定范围内分形具有标度不变性，在此范围内，不断地显微放大任何部分，其不规则程度都是一样的，即所谓比例性，同时具有置换不变性，即其每一部分移位、旋转、缩放等变化，在统计意义上是与其他部分相似的。这就说明，分形在其不规则性中存在着一定的规则性。由此可以由观察事物的细部或子系统的状态分析大系统的不协调、不规则性。

　　分形繁杂多样，势必有所区别。其中定有各自的特征。芒德勃罗指出，分形一般具有三个要素：形、机遇和维数。形是指事物、系统的形态，我们能区别不同的山或云是因为它们有不同的形；机遇是指自然界形成不同的山和云是由于不同机遇，随机性使然。

　　人们将设法通过一个特征数来测定事物、系统的不平整度、破碎度、复杂度等，这个特征数就是前面提到的分维数。研究证明，分维数的微小变化可以引起形状的急剧变化。维数比起形和机遇更容易描述事物的不规整度和复杂度特征。前面说到的罗仑兹吸引子就是分维数不同的例子。

　　物理学称经典力学为宏观物理学，量子力学为微观物理学，纳米（比原子尺度大一个数量级）力学为介观物理学。大、中、小尺可差9个数量级，对于这种问题称为多尺度问题。有的问题有特征尺度，有的则没有。

多尺度引出了分形（Fractal）。

分形的主要特征可归结为：具有无限精细的结构，比例自相似性，具有分数维和标度不变性。它们是客观存在的，是从具体问题中演化而来的。

分形几何用经典几何学的语言是无法描述的。严格地说分形是一个点集，其非整数维是这样计算的：分形的维数 D 的计算公式为：

$$D = \frac{\ln N}{\ln(1/b)} \tag{3-36}$$

其中 b 是相似比，N 是覆盖所有点所需的线段数。现在进一步解释公式（3-36）的意义。

设有一单位长度的线段［0，1］或一正方形。前者为一维，后者为二维。然后，将其长度分成 B（取整数）等份，每一部分都是长度为 1/B 的线段，或者是边长为 1/B 的小正方形。这样，我们得到了 N = B 个一维线段或 N = B² 个二维正方形。因而它们之间的相似比为：

$$b = \frac{1}{B} = \frac{1}{N^{\frac{1}{2}}} \quad \Rightarrow \quad b = \frac{1}{N^{\frac{1}{2}}} \tag{3-37}$$

对于任意维数 D，有：

$$b = \frac{1}{N^{\frac{1}{D}}} \quad \Rightarrow \quad Nb^D = 1 \tag{3-38}$$

由此得：

$$D = \frac{\ln N}{\ln\left(\dfrac{1}{b}\right)} \tag{3-39}$$

例如，上述 Kock 曲线，它的初始形式是一个三角形，其逐次的构造如图所示，其边界形式构成三次 Kock 曲线，故其维数为：D = ln4/ln3 = 1.2618。

进一步说，设把图形 M，它是一个正方体 B，其原始尺寸（边长）扩大 P 倍，可以得到 Q 个原图形 M（P^3 个正方体）则 M 的豪斯多夫维数为：

$$D(M) = \ln Q/\ln P, \quad (D(B) = \ln P^3/\ln P = 3) \tag{3-40}$$

按这一定义，当区间 [0，1] 扩大到区间 [0，3] 时，如在 [0，3] 上施行康托尔三分集的手续（即将一线段分为三等分），仅保留其中两部分，这样继续下去，显然会得到 2 个三分集。于是有：

$$D(C) = \ln 2/\ln 3 = 0.6309 \tag{3-41}$$

于是，康托尔三分集的豪斯多夫维数是一个分数。

实际上，山脉、河流、湖泊等自然界的存在物，它们所占有的空间都不具有整维数，类似地，对于一个整体优化后的大系统还可能存在小部分缺陷，甚至整体优化后很快分散、破碎形成分形，这都是正常的自组织现象。一切事物都在发展中，自然界、社会中的问题概无例外。

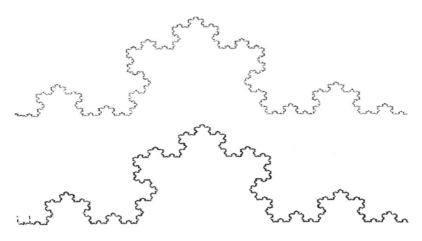

图 3-5　5 步和 20 步生成的 Kock 曲线（两图几乎看不出区别）

以下两图［图 3-6（a）（b）］告诉我们，细化每一个细部都具有相似性。

在一定范围内分形具有标度不变性，在此范围内，不断地显微放大任何部分，其不规则程度都是一样的，即所谓比例性，同时具有置换不变性，即其每一部分移位、旋转、缩放等变化，在统计意义上是与其他部分相似的。这就说明，分形在其不规则性中存在着一定的规则性。由此可以由观察事物的细部或子系统的状态，进而分析大系统的不协调、不规则性。

根据层次转化律和分形的自相似结构特性，可以由观察事物的细部或子系统的状态借以研究分析大系统的运转规律，或反向思考研究在层次转化中可能发生的问题。自相似性可以给我们启示，整体与细部的关系，防微杜渐，了解偶然性与必然性的统一。"自然

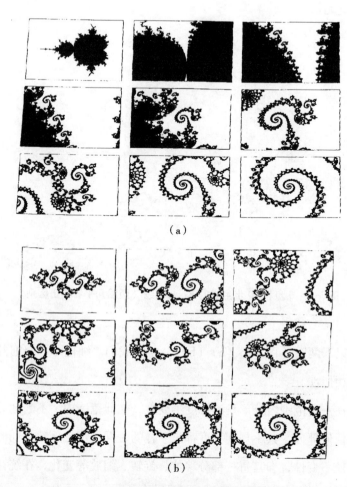

图 3-6   朱利亚集图形和曼德保特集图形细部比较
（两图的细部几乎没有多大区别）①

界、人类社会和思维，具体到系统、事物和现象都是必然性和偶然
性的统一。但是人们认识的目的是要找到偶然性中为自己开辟道路

---

① 转引自海因茨、奥托·佩特根等：《混沌与分形——科学的新疆界》，田逢
喜主译，国际工业出版社 2010 年版。

的内在的必然性和规律性。"①

由此可见，分形理论给了我们许多思维方法的启示，包括：

（一）分形结构的普遍性

分形是一个具有普遍意义的概念，有自然分形、时间分形、社会分形和思维分形等。一般认为，非线性、随机性、耗散性是出现分形结构的必要物理条件。无规则运动的吸引子就是相空间的分型结构。耗散系统的非稳定条件或远离平衡条件可成为产生奇怪吸引子，即产生分形结构的充分条件。

（二）分形结构与自组织

规则集与分形集、整数维与分维之间可以相互协同转化（可通过迭代法实现），整数维与分数维之间的差异性与协同性在一定程度上反映了系统之间简单与复杂、渐变与突变、量变与质变的差异性与同一性。

分形结构有以下特性：自同构、自复制和自催化，因而会产生偏差、差异、对称破缺等。

---

① 乌杰：《系统哲学》，人民出版社 2013 年版，第 235 页。

（三）尺度与分维

分形维数的定义中要求尺度趋于零的极限存在，但自然界不存在无穷的嵌套结构，要求尺度趋于零在测量中难以实现。

（四）部分与整体的哲学

分形打破了整体与部分之间的隔膜，找到了部分过渡到整体的媒介和桥梁。整体与部分之间具有相似性。分形理论进一步深化和丰富了世界普遍联系和世界协同性的原理。

八、突变现象特点

突变现象的共同特点是，在外部条件发生微小变化的情况下，物体发生突然的宏观的剧变。这种突变具有不同的类型，且与控制参量有关，而与系统的状态变量无关。

突变理论建立在现代分析数学基础上，并分为基本突变理论和高等突变理论，前者可借用经典数学理论来分析，后者则直接用现代分析数学方法来研究。

Thom 指出，当控制参量不多于 4 时，物体的突变就只有 7 种不同的类型，即折叠型突变、尖点型突变、燕尾型突变、蝴蝶型突变、双曲脐点型突变、椭圆脐点型突变和抛物脐点型突变。这是 Thom 的重要贡献。

从数学角度看，突变理论就是关于奇点的理论或不稳定奇点的理论。由上述介绍可知，突变理论主要研究系统运动发展的过程，从一种稳定态到另一种稳定态的跃迁。

考虑一个系统是否稳定，常需求出某函数的极值，即求出函数的导数为零的点，该点就是最简单的奇点，或称临界点。

设有函数 $F(x, a, b)$ ，其中 x 为自变量，a，b 为参变量，求 $F(x, a, b)$ 的临界点就是求微分方程的解。当给定 a，b 时，由下式

$$\frac{dF(x, a, b)}{dx} = 0, \tag{3-42}$$

可得一个或几个临界点 x，临界点可以看作是参数 a，b 的单值或多值函数。

以下我们介绍较简单的两种类型的突变。

（一）折叠型突变（Fold）

这种类型的突变可表示为：

$$F(x) = x^2 + ux \tag{3-43}$$

式中 x 为状态变量，u 为控制参变量。故状态空间 (x，u) 是二维的，其临界点是方程

$$\frac{\partial F}{\partial x} = 0 \qquad\qquad (3\text{--}44)$$

即

$$\frac{\partial F}{\partial x} = 3x^2 + u = 0 \qquad\qquad (3\text{--}45)$$

的解，折叠型突变的平衡曲面（有称定态曲面）退化为：

$$x^2 = -u/3, \ u \leqslant 0 \qquad\qquad (3\text{--}46)$$

其流形及分叉点集如图 3-7 所示，可见，当 u < 0 时，有两个临界点；

$$x_1 = \sqrt{-u/3}, \quad x_2 = -\sqrt{-u/3} \qquad\qquad (3\text{--}47)$$

当 u = 0 时，F(x，u) 有一个双重退化临界点；当 u > 0 时，F(x，u) 没有临界点。显然有：

$$\frac{\partial^2 F}{\partial x_1^2} > 0 \qquad\qquad (3\text{--}48)$$

从而，$x = x_1$ 是极小点，即稳定平衡位置。同理 $x = x_2$ 是不稳定平衡位置。

图 3-7 中，非孤立奇点 S 不仅满足方程 F(x) = x^2 + ux 而且也满足

$$\partial^2 F/\partial x^2 = 6x = 0 \qquad\qquad (3-49)$$

由此得 $x = 0$，$u = 0$。非孤立奇点 S 是状态空间（x，u）中间的一个点 (0，0)，它在控制参量的投影是分叉点集也是一个点 $u = 0$，即点 B。

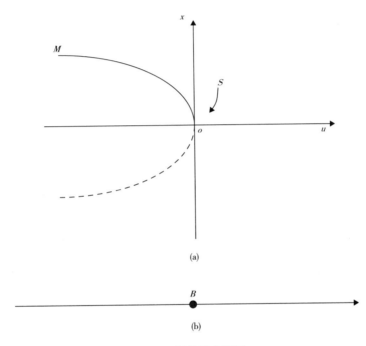

(a)

(b)

图 3-7　折叠型突变图

（二）尖点型突变（Cusp）

这类突变可表示为：

$$F(x) = x^4 + ux^2 + vx \qquad\qquad (3-50)$$

其中，x 为状态变量，u，v 为控制参量，其平衡曲面（即定态曲面）为：

$$\frac{\partial F}{\partial x} = 4x^3 + 2ux + v = 0 \qquad (3-51)$$

上式给出了一个折叠曲面，分上、中、下三层，非孤立奇点集 S 满足（3-51），又要满足 $\partial^2 F/\partial x^2 = 0$，计及（3-50），消去 x，得尖点突变 F($x$) 的分叉集为：

$$8u^3 + 27v^2 = 0 \qquad (3-52)$$

该型突变的空间流形及分叉点集如图 3-8 所示，此即控制平面上的折痕是 u-v 平面上的投影。如果相点恰好在曲面终止的边缘上，也就是曲面折回形成的中叶处，则它必定跳到另一叶上，引起 x 的突变。尖点之中有两个极小点，它们被一个极大点分离。两尖点之外侧只有一个极小点。

由图 3-8 可见：

第一，在图 3-8（a）中，定态曲面 M 包含了方程（3-51）的所有定态解。在原点处，有一个三重退化临界点；

第二，在重叠部分，（即在尖形区域内）参变量空间的一个点（u，v）对应于三个不同的定态解，一个孤立临界点和一个双重退化临界点；

第三，在重叠的边缘两个合二为一，称为非孤立奇点集 S；

第四，在尖形区域外时，F(x) 由一个孤立临界点；

第五，把 S 投影到参考平面 C 上，得分支点集 B，它们是由式

（3-52）确定的由两个半立方抛物线组成的尖点曲线。

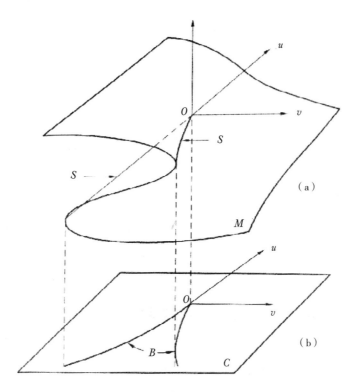

图 3-8 尖点突变图
（a）状态空间中的定态曲面 M 和非孤立奇点集 S；
（b）参数空间 C 中分支点集 B

此外，还有 7 种初等突变，例如，燕尾突变，它的势函数为：

$$F(x) = x^5 + ux^3 + vx^2 + wx \qquad (3-53)$$

其平衡曲面 M 满足

$$F'(x) = 5x^4 + 3ux^2 + 2vx + w \qquad (3-54)$$

它所在的空间是 4 维的，已不能直接画出。故不再赘述。

以上说明，对立统一律不是事物发展演化的动力。系统哲学的差异协同律给出事物发展演化的动力，而自组织涌现（或突变）决定了事物发展演化的形式。

九、涌现、突变与混沌的区别

我们认识到，涌现首先是一种具有耦合性的、前后关联的相互作用，这些作用和这些作用所产生的系统都是非线性的。但正如霍兰所说，建立有效的涌现理论，需要进行深入了解，不但要求选择有创造力的严格定义的框架，而且要求对一些可能的为真的定理作出推测。

而对于突变理论来说，对于能够定量描述的动力学系统，可以用突变理论进行定量研究，对于难以用动力学定量描述的系统，如社会问题、经济的某些问题，则可以由突变理论给出定性的结论或推测，可以说，定量和定性研究都是重要的。

突变理论在各个领域得到了应用，在工程上研究结构系统的稳定性问题；在经济系统研究系统的涨落，分析物料、货币、经济生态在内的全部经济系统的平衡态是否处于平衡线性区，小涨落是否影响系统的稳定性等。在军事学、社会学等等领域都可以得到应用。

突变论的模型既不是可验证的假设，也不是能通过试验可控的模型，而是激发读者的想象，启迪读者的思维，从而增进读者对世界和人类的认识。

突变论也有其局限性，例如，它要求描述系统的函数要有势。前面所说的函数 F 是一个势函数①。这样，对于开放系统是无用的，因为开放系统中的势条件基本上是不满足的。或者换句话说，在开放系统和大多数封闭系统中，自然过程的进展所遵循的规律与突变论要求的完全不同。此外，突变论在考虑系统演化过程中根本不考虑系统的涨落的存在。而涨落在许多协同演化过程中起着根本性的作用。

而混沌运动是一种非线性动力学现象，在各类非线性问题中都可以出现。非线性动力系统往往具有不清晰的、紊乱的和不可恢复的运动，以及某种貌似无序的、随机的不规则性运动。非线性动力学和牛顿力学不同，牛顿力学描绘的是一个完全可逆的、精确的和确定性的运动，而混沌运动则使得可逆性、确定性成了一种极为罕见的例外，它展现给我们的是由多种因素、多种联系和错综复杂的相互作用形成的、带有不可逆和不确定性的斑斓繁杂的图像。但混沌运动的产生并不是没有条件和毫无规律的。应该说，混沌运动是需要服从某些确定的动力学方程，但带有往往是难以预言的随机性运动。

观察下列简单的差分方程（称为 Logistic 方程）

$$x_{t+1} = f(x_t) = \mu(1 - x_t)x_t \tag{3-55}$$

① 若矢量场 R（x，y，z）是函数 φ 的梯度，即有 R=gradφ，则 φ 为 R 的势函数。R 即势量场（又称守恒场）。矢量 R 沿区域 V 内任一闭曲线的环流=0。

在上式中，参数的变化使得系统出现定态、不同大小的周期环以及混沌。由于参数的微小变化，引起重复震荡形式的从一种形式变到另一种形式，叫作倍周期分岔。分岔有多种形式，例如，对于非线性系统，参数的变化可引起从定态不动点变成非定态不动点或周期环，等等。

对不同的 μ 值进行数值计算可得下列近似值：

对于 $3.0000 < \mu < 3.4495$，出现周期 2 稳定环；

对于 $3.4495 < \mu < 3.5441$，出现周期 4 稳定环；

对于 R 接近于 3.570 时，出现周期 2^n 稳定环；

当 $\mu > 3.570$ 时，存在有周期解的狭窄区，很像是非周期行为。系统在 $\mu > 3.570$ 处由定态周期环转变为混沌，称为倍周期导致混沌。

可见，$\mu = 3.57$。是一个临界值。

Feigenbaum 发现了上式中 μ 的变换会引起倍周期分岔导致混沌（period-doubling route to chaos）。并发现 Feigenboum's number δ：

$$\delta_n = \lim_{n \to \infty} \frac{\Delta_n}{\Delta_{2n}} = 4.66920\cdots, \qquad (3\text{-}56)$$

他对这个序列做了研究，发现 δ 很快地收敛到一个常数。用数值计算，取 $3 < \mu < 4$，计算很多次可得分岔图。

由 logistic 方程可见，μx_n 项表示一种原动力，而 $-\mu\, x_n^2$ 项则表示耗散因素，因此非线性 logistic 方程是两种因素的竞争造成了该式的形态多种多样。

混沌是一个相当难以给出精确定义的数学概念，可以把它看作

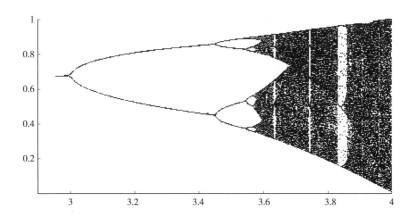

图3-9　根据方程 $x_{t+1} = \mu(1 - x_t)\, x_t$ 作出的 μ 不同动力行为图

是确定性系统的随机性，确定性是指它由内在原因而不是由外来的噪声或干扰所产生；而随机性指的是不规则的不可预测的行为。具体说，混沌运动是决定性和随机性的相融合，即它具有随机性但又不是真正的或完全的随机运动。

　　例如，方程：

$$\dot{\vec{x}} = \vec{f}(\vec{x}, \mu) \tag{a}$$

的解 $\vec{x}(\vec{x}_0, \mu, t)$ ，定义了方程的一条解曲线（轨道、轨线），此解曲线由初值 X_0 和参数 μ 所确定，这里 t 起到了参数的作用。如果把 $\vec{x}(\vec{x}_0, \mu, t)$ 看成 t 的函数，则它表示系统（a）运动的时间历程（图3-10）。

　　由图3-10可见，混沌运动具有局部不稳定和整体稳定的特征，取任意初值都可以得到几乎完全相同的长时间定常运动状态的

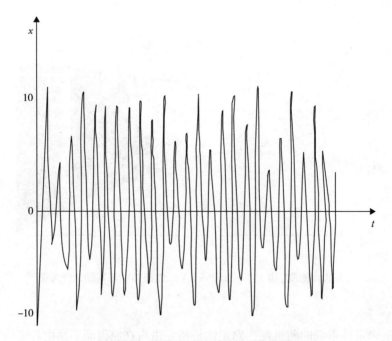

图3-10 混沌运动的时间历程示例图

行为。

实际上，非线性动力系统中的混沌运动具有以下一些特性：具有连续的功率谱，奇怪吸引子的维数是分数的。此外，混沌运动具有局部不稳而整体稳定等特征。

研究混沌是极其重要的，在一切非线性系统中，包括用点映射、差分方程、微分方程和积分方程等描写的非线性系统中，都已出现大量呈现混沌性态的例子，甚至可以说，出现混沌是必然现象。那么为什么很长时间没有注意到混沌现象呢？观察时间不够长，要求精度不够等都是重要原因。另一个原因是，当我们有意识地寻找一种现象时，那种现象是不难找到的；反之，要找一种我们没有意识到的一种有可能存在的现象，很可能当面错过。最后一个是研究混沌的实际意义。由于对混沌的本质，数学等处理方法所知甚少，与实际应用有较大距离。但已经看出了一些应用价值，例如 Lorenz 方程，它指出了长期天气预报的困难，这一点可以用"蝴蝶效应"加以形象地说明：即使方程完全正确，其他条件也十分确定，但只要蝴蝶拍动翅膀改变了当地的气压，就会使长期预报发生困难。

通常人们所说的混沌是指在确定性的非线性系统中所出现的形式上较为混乱的非周期运动。大量的研究表明，在非线性耗散系统中有混沌并伴有混沌吸引子，在非线性保守（或保面积）系统中也有混沌，只是没有混沌吸引子，这称为 KAM 定理①。

综合以上分析表明，混沌的主要特征有：

1. 混沌运动是决定性和随机性的谐和运动，即它具有随机性但又不是真正或完全的随机运动。我们知道，通常所说的随机性不仅是非周期的（aperiodic），而且不服从确定的动力学规律，从而其随时间的演化是完全不可预言的。也就是说，它不服从因果律。因此过去一直认为，随机性与决定性（determinism）或因果性（causality）是截然对立的。但是混沌运动是在确定（决定）性系统中发生的，这与完全随机运动有着本质的区别：第一，混沌运动服从确定的动力学规律；第二，混沌振荡虽具有随机性且不是规则的，但其运动也不是完全杂乱无规的；第三，虽然混沌运动在整个时间进程中具有随机性，即在较长时间上不能对其运动作出预言。或者说它不服从因果律，但是在较短的一定的时间范围内，预言还

---

① 即 Kolmogorov-Arnold—Moser 定理。详见"附录一"。

是可能的，或者说，因果律并未被完全否定。因此才可以说，混沌运动是决定性和随机性的差异统一。

由于混沌运动具有随机性，它与随机运动在表观上便具有相似性，因此当观察到某系统的某一变量随时间的变化是杂乱无章时，如自然界和社会统计资料中的许多振荡现象（如地震波、太阳黑子出现的似周期变化、股市的波动，等等）和许多生理电信号（如脑电、肌电和胃电，等等）所表现的那样，绝不能贸然认为它们一定是噪声和没有规律，而必须对它们进行仔细地分析，才可能作出正确判断：是随机噪声还是混沌或其他。当然，判断了一个时间序列是非线性的混沌运动，并不等于就知道了系统的运动规律（动力学方程）。寻找或建立运动系统的动力学规律（即所谓建立模型）。很可能还是十分复杂而艰巨的任务。

2. 初始条件的敏感性。经典学说认为：确定性的系统（微分方程或映射），只要初始条件给定（边界条件通常也需给定），方程的解也就随之确定了，也就是说，由确定性系统所描写的运动紧密地依赖于初始条件。但混沌现象的出现表明：初始条件的微小差别将最终导致根本不同的现象，像映射这样的系统，初始迭代值的微小差别使得迭代一定次数后的结果已无法说清了，也就是说，初值的信息经过若干次迭代后已消耗殆尽，结果已与初值没有什么关系了。这就是混沌敏感初始条件的性质。这种性质绝不是计算误差形成的，而是非线性系统的固有特性。

混沌敏感初始条件的性质必然导致系统的长期行为是很难预测甚至是不可预测的结论。

混沌具有伸长和折叠的特性。这是形成敏感初始条件的主要机制，伸长是指系统内部局部不稳定所引起的点之间距离的扩大；折叠是指系统整体稳定所形成的点之间距离的限制。经过多次的伸长和折叠，轨道被搅乱了，形成了混沌。

日常生活中的揉面团的过程也是伸长和折叠多次重复的过程。在发面中放一点碱粉揉面，首先把面团擀平，这种伸长过程使碱粉扩展；然后把擀平的面团折叠过来。经过多次伸长和折叠，碱粉的轨道很混乱，但可以使碱粉和面团充分混合。

混沌具有丰富的层次和自相似的结构，而绝不能等同于随机运动，混沌所在的区域中具有很丰富的内涵。混沌区内有窗口（稳定的周期解），窗口里面还有混沌，这种结构无穷多次重复着，并具有各态历程和层次分明的特性。同时，伸长和折叠使混沌运动具有大大小小的各种尺度，而无特定的尺度，这些都统称为自相似结构。

对于线性微分方程，初始条件给定了，它就有确定的解。也就是说，线性系统不可能作带有随机性的混沌运动。因此，混沌运动只可能出现在非线性系统中。当然，系统的非线性只是混沌出现的必要条件，还不是充分条件。也就是说，非线性系统不一定都能作混沌运动，作混沌运动还得满足一定的适当条件。例如，同一系统，当其所处内在或外在条件不同时，它既可作混沌运动，也可能作其他形式的运动。

第四章　事物（系统）发展演化的过程——结构功能律与层次转化律

一、涌现的层次性与结构的变化

系统哲学告诉我们：各种不同的物质系统，都处于物质、能量、信息永不停息的运动中，都以不同的方式实现着优化的存在状态或优化的发展过程。系统各部分（各子系统）间的相互作用，一般地讲是非线性的。所以系统的整体行为无法通过相对独立的各组成部分的简单相加得到。一般地说，"整体大于部分之和"是整体优化的普遍结果。"这个涌现整体有层次性、结构性、功能性和自相似性，一旦生成，有不可逆性。因此涌现有突变特性及不可预见性。它是更高层次的要素，更低层次的系统。涌现是诸'适应性主体'之间与环境（客体）选择生成的整体属性，因此涌现具有强烈的动态性质和主体性质，而整体是构成静态的存在。当然，也应该承认，这种区分都是在一定条件下，因而也是相对的。"①

自组织涌现现象实际上就是存在差异的各子系统不断地改变其稳定的模式，各稳定模式的变化和各不同模式的演化，各差异模式间的相互作用，使得系统功能增加，同时提高了系统的层次。涌现出的新结构是一种具有耦合性的前后关联的相互作用的结果。它也有可能在短时间内出现部分子系统在整体约束下失去了某些特性，出现劣化现象，但由于协同和谐作用，最终会涌现出整体大于部分之和以及整体优化的结果。这就是，自组织涌现原理、层次转化理论和整体优化原理给出的必然结果。

宏观系统的涨落是生成"涌现"的过程。"涌现"形成后，它就具有一种稳定的模式（新结构）和新的功能。如前所述，这个涌现整体有层次性，有结构性，有功能性，一旦生成，有不可逆性。

涌现生成的新结构及其所具有的新功能，与原结构相比必然生成所谓"剩余结构"或"剩余功能"。实际上，剩余功能也就是系统的新增功能。涌现是原系统的创新，是原系统的优化过程，它与优化前的系统相比增加了新功能，变成了新结构。所以说，涌现就是革新，涌现就是那个层次的系统最优化。我们说，科学发展实际上就是如何遵循自组（织）涌现原理研究事物、系统的创新和最优化问题。

"一般讲，整体有两种，一种是有可加性，另一种是非加和性。我们把非加和性与加和性的差额叫作'剩余功能'。这个'剩

---

① 乌杰:《系统哲学》，人民出版社 2013 年版，第 81 页。

余功能'是由系统的剩余结构引发的，也叫'剩余效应'。"①

剩余功能的积累服从对数法则，说明剩余功能的积累并不是直线增长，根据优化过程付出的代价之不同，决定其给出的剩余功能的总值 K。也就是说，要想获得较大的剩余功能，就要付出越来越多的代价 M。

容易理解，人们在知识结构优化的过程中，每次增加的新信息，例如为 ΔM，其重要意义，可以通过与已掌握的信息量 M 的比率：$\Delta M/M$ 来表征。且有

$$\Delta M/M > 0 \qquad\qquad\qquad (4-1)$$

经知识结构的多次优化后，积累的全部知识量或即从纯信息中提取有意义的知识，或即大量的信息对于知识结构的优化来说，我们将在第六章证明，它们将服从对数回报法则。

这就是说，知识的积累或知识的优化，不是简单的螺旋式、直线上升的过程。处于较高层次的知识结构后，知识的进一步优化（提高）将付出更多的努力和代价。

整体优化律是系统哲学的基础规律，它揭示了事物发展的自我完善过程。整体优化律发展了否定之否定律。"整体优化律揭示了否定之否定律所没有的多向性及合力网络动因。它深刻地揭示了物质运动过程是一个系统化过程，即有序化、组织化、多分支化和整体优化过程。"

由此可见，事物的发展演化是一系列复杂的非线性过程，而不

---

① 乌杰：《关于结构功能的哲学》，《系统科学学报》2013 年第 4 期。

只是质量互变的简单过程。

　　传统哲学的否定之否定律认为，事物的发展是通过否定来实现的。表现为近似螺旋式的曲线、是波浪式前进和螺旋式上升的运动过程。每一次否定都是一次"扬弃"（aufheben）。德文"anfheben"一词是取舍的意思，即有取有舍，这显然是改良主义的含义。实际上也说明了否定之否定律含有改良主义特征。同时，认为事物的发展、演化均为螺旋式上升过程。虽然圆柱体表面上的螺旋线是一条空间曲线，粗浅地看，质点沿螺旋线运动所经历的过程是一个线性过程，就像我们在地面上沿一条直线行走，对地球球面来说，却是一段曲线。沿圆柱的任一个剖面展开都是一组直线，如下列展开下图所示。

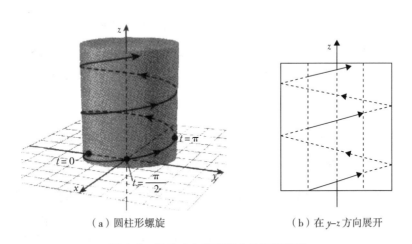

（a）圆柱形螺旋　　　　　　（b）在 y–z 方向展开

图4-1　螺旋式上升实际上是直线前进

　　实际上，从时空角度看，柱面上的螺旋线确实是一条空间曲线，其数学表达式也是非线性的。但是，按过去的理论，若有一个质点沿该曲线运动，它就只能按这一规定好了的路径前进或后退。也就是说，事物的发展演化必须按此规定好的路径前进或沿原路径退回。这种情况实在是太少了，绝对不具普遍性。系统哲学要研究、探索、寻求的是世间一切事物、系统发展、演化的普适规律。

系统哲学告诉我们：当系统从一个无序的非平衡稳定态向某一有序终态过渡时，系统的宏观结构将以自组织的方式最终形成全新的结构。而它不是原结构的改良，也不是简单的螺旋式上升，而是经过整体优化给出具有更大范围和更高层次上的崭新的结构。

现在说明这个问题。设有一系统 M，其状态变量 $X_i(i = 1, 2, \cdots, n)$，系统的控制参数为 λ。系统的状态随 λ 的变化而变化，如图 4-2 所示，当 λ 由零沿 λ 轴在 0 至 λ 区间变化时，系统处于稳定态，且有唯一解。当系统的变化处于 λc 处时，系统处于非平衡定态，即分岔点。在此处，涨落可能放大，系统将出现对称破缺，进一步的稳定性起着选择作用。系统在此处的无序状态将通过选择 b_1 或 b_2 走向新的有序状态。

如前所述，分岔的产生展现了对称破缺，而对称破缺是系统的各部分之间或系统与环境之间的互相作用的结果、一种进化。这个进化，使无序状态的系统得以进一步向高层次，即新的有序状态转化。对称破缺、分岔是不可重复的事件，即一旦转化便回不到原来的状态。分岔是革新和多样性的源泉，它赋予系统新的状态。

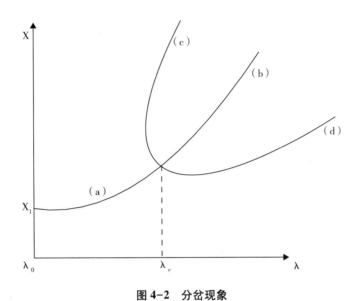

图 4-2 分岔现象

（a）热力学分支，（b）热力学分支的不稳定部分，

（c）、（d）耗散结构分支

二、分岔与结构稳定性

现在以下列范德玻尔方程为例来讨论分岔现象。

$$\dot{x}_1 = x_2$$

$$\dot{x}_2 = -\omega^2 x_1 + \alpha(1 - x_1^2) x_2 \qquad (4-2)$$

当范德玻尔方程中参量 α 从负值经过零变为正的时候，相平面

(x_1, x_2) 上的轨线由一些趋向原点的螺旋线（因 $\alpha < 0$ 时原点是稳定焦点）变为绕原点的一些闭曲线（$\alpha = 0$ 时原点变为中心），最后变成极限环（$\alpha > 0$ 时原点是不稳定焦点）。解的形式或性质依赖于方程中参量的取值这一事实，在线性方程中也有过。如大家熟知的线性阻尼振子的阻尼系数由小变大经过一临界值时，振子的运动将由减幅振荡变为指数衰减。这对应于相平面中原点（平衡点）由稳定焦点变为稳定结点。此时，定点的稳定性质并未改变。由前面分析可知，这相当于范德玻尔方程在 $\alpha = -2\omega$ 的情形。但是，范德玻尔方程在 $\alpha = 0$ 两侧的情形却大不一样：定点的稳定性完全变了，其领域的轨线性质也全变了。这种发生在 $\alpha = 0$ 时的突变往往只是非线性方程所特有，这就是分岔。

一般说来，对于非线性方程

$$\dot{x}_i = f_i(x_j) \qquad i, j = 1, 2, \cdots, n \tag{4-3}$$

令 μ 表示其中的某参量，可以把以上方程写成：

$$\vec{x} = f(\vec{x}, \mu), \ \vec{x} \in R^n \tag{4-4}$$

如果参量 μ 在其某一值 μ_c 邻近微小变化将引起解（运动）的性质（或相空间轨线的拓扑性质）发生突变，此现象即称为分岔（或分叉、分歧、分支，bifurcation），此临界值 μ_c 称为分岔值。在以参量 μ 为坐标的轴上，$\mu = \mu_c$ 称为分岔点（或歧点），而不引起分岔（$\mu \neq \mu_c$）的点都称为常点。可以看出，对于范德玻尔方程，$\alpha = 0$ 就是分岔点，所有 $|\alpha| > 0$ 的点都是常点。

简言之，拓扑性质是指一个几何图形（集合）不因伸缩等形变（不包括切割再拼凑）而发生变化的性质。拓扑性质相同的两集合称为是拓扑等价的。如球与椭球或立方体都有相同的拓扑性质，或都是相互拓扑等价的，因为它们可通过伸缩形变互相变换。但是空心球却与上述诸集合不是拓扑等价的（不具有相同的拓扑性质）。

方程（4-3）$\dot{x}_i = f_i(x_j)$ 的解在常点附近不会发生性质的变化，人们称这时的解具有结构稳定性。即结构稳定性（structural stability）表示在参量微小变化时，解不会发生拓扑性质变化（解的轨线仍维持在原轨线的邻域内且变化趋势也相同）。反之，在分岔点附近，参量值的微小变化足以引起解发生本质（拓扑性质）变化，则称这样的解是结构不稳定的。因此，分岔现象与结构不稳定实质上是一回事：分岔的出现表示系统此时是结构不稳定的，或者说，结构不稳定意味出现分岔。

对于系统有两个状态变量的情形［方程 $\dot{x}_i = f_i(x_j)$ n=2］，从前面的分析可知，引起解的拓扑性质发生突变或结构不稳定是出现在 T=0 和 Δ=0 两种情形，见图 4-3：

即分岔出现在下列两种情形：

$$T(x_0(\mu)\ ,\ y_0(\mu)\ ,\ \mu) = 0, \quad \Delta > 0 \tag{4-5}$$

$$\Delta(x_0(\mu)\ ,\ y_0(\mu)\ ,\ \mu) = 0, \quad T < 0 \tag{4-6}$$

式中 μ 是方程中的参量，$(x_0(\mu)\ ,\ y_0(\mu))$ 是定态（定点）。此两种情形也就是线性稳定性定理所未能处理的问题，必须考虑到非线性才能获得进一步信息。

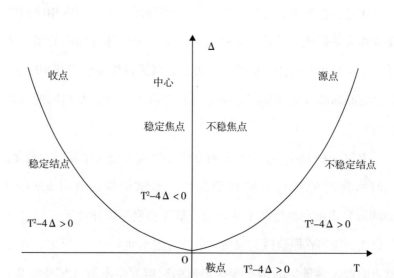

图 4-3 定点的分区

分岔现象普遍出现在许多非线性问题中，下面再举一个形象的例子。一水平细棒（竹、木或钢的），右端固定，从左端加一水平方向力 F，考察棒的形状将如何变化。很显然，当力 F 是向左（拉力）时，棒仍处于水平位置，除极微小伸长外，形状无变化。把力 F 改向右（压力），当 F 较小时，棒虽受压，但仍能维持水平位置而无形变。继续加大 F，当 F 达到某一临界值 F_c 时，棒将突然弯曲。设棒只能在竖直面内运动，则它既可能向上弯曲，也可能向下弯曲。这表示棒的形状在 $F = F_c$ 处发生了突变，平衡点也由原来的一个（x=0）变为三个。$F > F_c$ 时，这三个平衡点中原来那个（x=0）变成不稳定平衡点了。另两个中到底取哪一个（棒是向上弯曲还是向下弯曲），完全由偶然因素（涨落）决定。可见，系统（棒）在临界值 F_c 处出现分岔。

在以上范德玻尔方程和棒的形变两个例子中，虽然都存在突变现象，但仔细分析可以看出，它们之间也还有一定的差别：前者表示非线性方程 $\dot{x}_i = f_i(x_j)$ 解的拓扑性质在参量取临界值时发生突变（结构不稳定），这样的分岔称为动态分岔。棒的形变现象则表示方程 $\dot{x}_i = f_i(x_j)$ 的定态数目在参量 F 的临界值 F_c 处发生突变，这样的分岔称为静态分岔。当然，静态分岔可以看作动态分岔的一种特殊情形，而静态分岔（定态数目的突变）往往要引起动态分岔（方程的解包括非定态解的拓扑性质发生突变）。

（一）霍普夫分岔

在动态分岔中，较重要的是由于定点稳定性突然变化而出现极限环的霍普夫分岔。用状态变量——参量空间表示，霍普夫分岔如图4-4所示：当参量 μ 小于（或大于）某临界值 μ_c（如对于范德玻尔方程 $\mu_c = \alpha_c = 0$）时，定点是稳定焦点或稳定结点。当 $\mu > \mu_c$（或 $\mu < \mu_c$）时，定点变为不稳定并出现了极限环。μ 取不同值时，极限环的大小和形状也不同。

当 $\mu < \mu_c$（或 $\mu > \mu_c$）时，定点是稳定的，故其特征值的实部 λ_r 小于零（$\lambda_r < 0$）。当分岔后出现稳定极限环时，环所包围的不稳定定点不可能是鞍点，因此分岔不可能是式（4-5）所示的 $\Delta = 0$ 的情形，而只能是式（4-6）所示的 $T = 0$ 的情形。于是由式（4-5）

$$T(x_0(\mu), y_0(\mu), \mu) = 0, \quad \Delta > 0 \qquad (4-7)$$

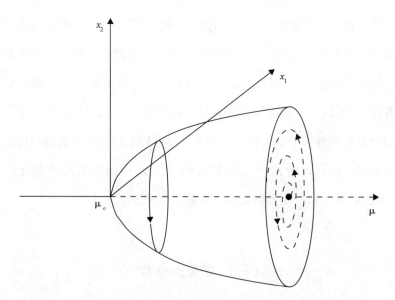

图 4-4 霍普夫分岔（实线表示稳定状态，虚线表示不稳状态）

和式

$$\lambda_{1,2} = \frac{T \pm \sqrt{T^2 - 4\Delta}}{2} \qquad (4-8)$$

得到在分岔点上应有：

$$\lambda_{1,2} = \pm i\sqrt{\Delta} \qquad (4-9)$$

所以，在出现霍普夫分岔时特征值的变化如图 4-5 所示：其实部 O，由负（或正）经分岔值 $\lambda_r = 0$ 变为正（或负），其虚部 λ_i 则总是不为零。这也是很自然的，因 $\lambda_i \neq 0$ 才意味着振荡。反之，在式 $\Delta(x_0(\mu)，y_0(\mu)，\mu) = 0$，$T < 0$ 所表示的分岔情形，式

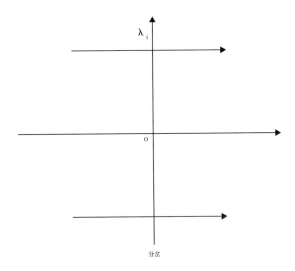

图 4-5 霍普夫分岔中特征值的变化

$$\lambda_{1,\ 2} = \frac{T \pm \sqrt{T^{\,2} - 4\Delta}}{2} \tag{4-10}$$

给出 $\lambda_i = 0$，即不存在振荡，故不可能出现极限环。

式 $T(x_0(\mu)$，$y_0(\mu)$，$\mu) = 0$，$\Delta > 0$ 表示霍普夫分岔出现时，分岔点是中心。由前节的分析讨论可知，对于线性方程，即使定点是中心也不可能出现霍普夫分岔；对于非线性方程，定点是中心也只是霍普夫分岔出现的必要条件，但还不是充分条件，因为极限环还有其存在的条件。

已经知道范德玻尔方程在 $\alpha = 0$ 时出现霍普夫分岔。现在讨论比范德玻尔方程更普遍的耗散系统的运动方程

$$\ddot{x} + \alpha\dot{x} + \omega^2 x + h(x,\ \dot{x}) = 0 \tag{4-11}$$

$h(x, \dot{x})$ 表示系统的非线性部分。将上式改写为：

$$\dot{x} = y$$

$$\dot{y} = -\alpha y - \omega^2 x - h(x, \dot{x}) = 0 \qquad (4-12)$$

通常，$h(x, \dot{x})$ 无常数项（除 $h(0, 0) = 0$ 外，h 无其他零点），于是此方程有定点 $(0, 0)$：

$$\begin{cases} T = -\alpha \\ \Delta = \omega^2 \end{cases} \qquad (4-13)$$

因此与范德玻尔方程一样，当阻尼系数 $\alpha = 0$ 时，特征根为：

$$\lambda = \pm i\omega \qquad (4-14)$$

所以，只要非线性项 $h(x, \dot{x})$ 取适当形式，阻尼系数 α 由负变为正时即可出现霍普夫分岔。如对于范德玻尔方程：

$$h(x, \dot{x}) = \alpha x^2 \dot{x} \qquad (4-15)$$

情况自然是这样。又如：

$$h(x, \dot{x}) = \dot{x}^3 \qquad (4-16)$$

$$\ddot{x} + \alpha \dot{x} + \omega^2 x + \dot{x}^3 = 0 \qquad (4-17)$$

在 $\alpha = 0$ 出现霍普夫分岔。

2. 几种典型的静态分岔

（1）鞍—结分岔（或折叠分岔）

试考察单变量非线性方程

$$\dot{x} = \mu - x^2 x \qquad (4-18)$$

很明显，当 $\mu < 0$ 时方程无定态解，所有轨线都要趋于无穷远；$\mu > 0$ 时则存在两定点：

$$x_{1,2} = \pm\sqrt{\mu} \qquad (4-19)$$

$(-\sqrt{\mu}, 0)$ 是不稳定鞍点，$(\sqrt{\mu}, 0)$ 是稳定结点，μ 值变小最后趋于零时，结点和鞍点合并。因此，$\mu = 0$ 是分岔点，此分岔称为鞍—结分岔（saddle-node bifurcation）。

（2）音叉分岔

方程形式为：

$$\dot{x} = \mu x - x^3 \qquad (4-20)$$

这相当于系统的势能是：

$$U = -\frac{1}{2}\mu x^2 + \frac{1}{4}x^4 \qquad (4-21)$$

定点（定态或平衡点）有三个：$x = 0$ 和 $x = \pm\sqrt{\mu}$。

对于定点 $x = 0$，方程（4-20）的线性化方程（$\xi = x$）是

$$\dot{\xi} = \mu\xi \qquad (4-22)$$

其特征根就是 μ。当 $\mu < 0$ 时，定点 $\xi = x = 0$ 是稳定的；当 $\mu > 0$ 时，它是不稳的。

对于定点 $x = \sqrt{\mu}$ 和 $x = -\sqrt{\mu}$ ，方程 $\dot{x} = \mu x - x^3$ 的线性化方程 （ $\xi = x \pm \sqrt{\mu}$ ）都是

$$\dot{\xi} = -2\mu\xi \tag{4-23}$$

其特征根是 -2μ 。因为此时 μ 只能取正值，故这两个定点都是稳定的。于是方程 $\dot{x} = \mu x - x^3$ 的定点如（图4-6）所示。由于其形状如音叉，故称方程 $\dot{x} = \mu x - x^3$ 在 $\mu = 0$ 处出现的分岔为音叉分岔或叉式分岔（pitchfork bifurcation）。

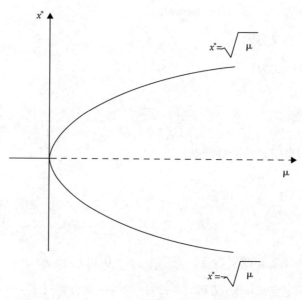

图4-6　音叉分岔或叉式分岔

大自然生成的奇怪吸引子，它有无穷嵌套的自相似结构，是一种典型的自组织分形现象。

在分形自组织涌现中，从宇宙爆炸膨胀、混沌初开，大自然已经利用分形自组织的原则创造着世界。宇宙万物不仅以分形的自组织存在着，而且还以自组织分形的方式生成、演化着。

从最小熵产生原理可知，在非平衡线性区，非平衡定态是稳定的。设一系统已处于某一稳定态，由于涨落，系统随时可以偏离这个稳定态而到达某个与时间有关的不稳定态。根据最小熵产生原理，该状态的熵大于稳定态的熵，系统的熵产生会随时间减小，最后必将回到稳定态 1。所以非平衡定态是稳定的。

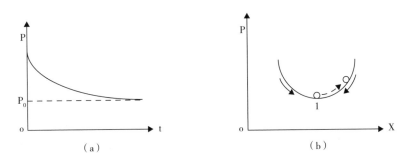

图 4-7 （a）线性区熵产生随时间的变化；（b）最小熵产生原理及稳定性示意图（涨落引起的变化）

这就进一步说明，在非平衡线性区，或在平衡态附近，不会自发形成时空有序结构，即在此情况下，不可能直接按自组织涌现律发生演变，而是根据结构功能律、层次转化律和整体优化律运动、调整，最终完成自组织过程。

前面讨论了系统的平衡态、非平衡定态、近平衡态以及远离平衡态等概念。为解释自组织现象的出现，需要确定在什么情况下参考态能变成不稳定。因为定态是一种稳定态，虽然系统由于涨落可以随时间偏离这个定态，达到一个非定态，但根据最小熵产生原理，该态的熵大于定态的熵产生，系统的熵会随时间减小，最后回到定态。对于远离平衡态的情况就大不一样了。这时，过程的发展方向不能依靠纯粹的热力学方法来确定，必须同时研究动力学的详细行为。但从热力学的讨论仍可得到一些关于过程发展的一些趋向，可以看到远离平衡这一因素在各种现象中的作用，包括可联系到涨落的统计理论。

实际上，我们感兴趣的不只是不稳定的特解，而是时空有序态本身应该对应于某个稳定的特解。不稳定的解任何时候都会给研究的问题带来严重后果。

三、结构稳定性判据

看来有必要研究系统的稳定性。对热力学平衡态，系统的稳定性可以从熵的极值行为和它们的时间发展行为来确定，已如上述。在非平衡态的非线性区，人们同样关心系统的稳定性。但这时，熵（或自由能）并不具有极值行为，最小熵产生原理不再有效。要求找新的势函数。Lyapounov 在研究系统运动形态的稳定、渐进稳定和不稳定的过程中，给出了以函数 V 的表达式作为稳定性的判据，V 称为 Lyapounov 函数。

李雅普诺夫第一法（又称李雅普诺夫间接法）是先把非线性方程在奇点（定点）的邻域线性化，然后用线性方程来判断定点的稳定性。李雅普诺夫第二法又称李雅普诺夫直接法，以下只介绍直接法。

为了判断定点 x_0 的稳定性，在相空间（或经坐标变换）取 x_0 为原点并引入以下定义：

定义 1：设 V（x）为在相空间坐标原点的邻域 D（D：$\|x_i\| < \eta$，η 为大于零的小数）中的连续函数，而且 V（x）是正定的。即除了 $V(0) = 0$ 外，对 D 中所有别的点均有 V（x）>0。这样的函数就是李雅普诺夫函数。

定义 2：V 沿方程 $\dot{x}_i = f_i(x_j)$ 的解 $x(t)$ 的全导数为：

$$\dot{V}(x) = \frac{dV(x)}{dt} = \sum_{i=1}^{n} \frac{\partial V(x)}{\partial x_i} \frac{\partial x_i}{\partial t} = \sum_{i=1}^{n} \frac{\partial V}{\partial x_i} f_i \qquad (4-24)$$

李雅普诺夫直接法判断定点（定态解）的稳定性三定理是：

定理 1：如果对于动力学方程 $\dot{x}_i = f_i(x_j)$ 存在一个李雅普诺夫函数 V（x），其全导数 $\dot{V}(x)$ 是负半定的（即对于 D 中所有点 $\dot{V}(x) \leq 0$），则方程的奇点是稳定的。

定理 2：如果对于方程 $\dot{x}_i = f_i(x_j)$ 存在一个李雅普诺夫函数 V（x），其全导数 $\dot{V}(x)$ 是负定的（即除 $\dot{V}(0) = 0$ 外），对 D 中所有其他点都有 $\dot{V}(x) < 0$。也就是说，如果除原点外，$V(x)\dot{V}(x) < 0$。则方程的奇点是渐近稳定的。

定理 3：如果对于方程组存在一个李雅普诺夫函数 V（x），其全导数 $\dot{V}(x)$ 也是正定的（即除原点外，$V(x)\dot{V}(x) > 0$），则方程的奇点是不稳定的。

在 $t = t_0$ 时刻，从 2η 中出发的一切轨线，在其后时间中永不离

开 2η，则称变量 X 是稳定的（如图 4-8 曲线 1 所示），Lyapunov 意义上的稳定；而曲线 2 称 X 为渐进稳定的；曲线 3 为 X 不稳定的。

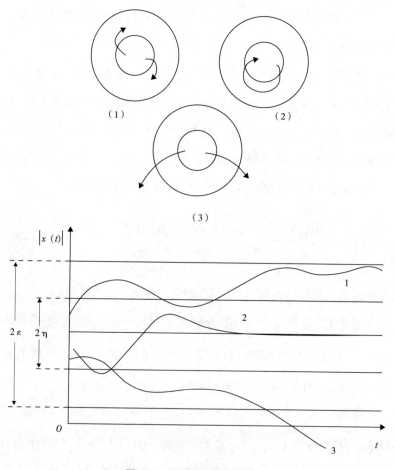

图 4-8　系统定态的稳定性

对于远离平衡态的情况，在局域平衡的基础上，对于 $t \geq t_0$ 时，若参考态有 $\delta^2 S > 0$，则参考态是渐进稳定的（图 4-9 曲线 1）；若 $\delta^2 S < 0$，则所讨论的参考态是不稳定的（曲线 2）；若 $\delta^2 S = 0$，则参考态处于临界稳定状态（曲线 3）。（如图 4-9 所示）

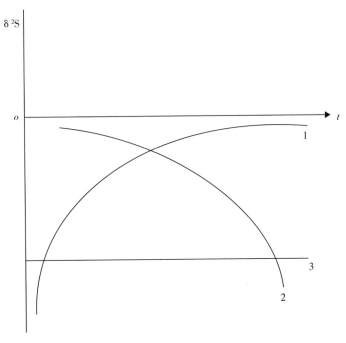

图 4-9 $\delta^2 S$ 的时间变化和参考态的稳定性

四、结构状态的有序与无序

（一）有序原理

在孤立系统中，平衡态是取熵为最大的态。任何对平衡的偏离（涨落）都会导致熵的减少，故热力学第二定律保证了平衡态的稳定性。熵取最大值的状态也就是分子排列最无序的状态。

对于非孤立系统，虽然人们的经验表明，发展过程通常也表现为趋于平衡和趋于无序，但这尚不能认为是普遍规律，因为许多经验是在系统并不很远离平衡的条件下得到的。远离平衡条件下的发展过程要专门研究。

对于封闭系统，例如能通过和外界环境交换热量而维持在恒温和恒容的系统，平衡态并不是用熵的极大值来定义的，而是用Helmholtz自由能 F 的极小值来定义的，因而平衡态并不一定对应于最无序的状态。

若定义绝对温度 T 及单位质量的内能为 E，则 Helmholtz 自由能为：

$$\psi = E - TS \tag{4-25}$$

上式告诉我们，平衡态是 E 和 S 相互竞争的结果。温度 T 是相对重要的一个量。降温时，能量占优势，我们得到有序，体系有可能处于一种低能的和相对低熵的有序状态，此时体系内部分子活动的动能及相互作用的势能都很小。温度升高时，熵占统治地位，自由能中熵因素的贡献增加，系统倾向处于高熵状态，分子活跃起来，相对运动的重要性增加，晶体的规则性被破坏，这对应于某种无序状态。就像高温下的无序气体态，降温化作液体，相对变得有序，再降温化作固体，更有序。

热力学第二定律告诉我们：系统的内能不能完全转化为机械功，不可逆性就意味着浪费了机械功。实际上，就是指可用能常较内能少，可用能只是内能的一部分。可用能就是自由能。可以认为，Ψ 是内能的自由部分。

（二）结构的有序和无序

我们说，不管用什么方式都不能完全反转过来的过程称为自然过程。在热力学中，自然过程和不可逆过程的意思是相同的。从热力学角度看，生物的衰老过程、有机体随着时间的消逝而老化，都是因为他们的熵的增加，实际上，增熵和时间的消逝只不过是一个硬币的两方面。如果没有时间的消逝，就不会有增熵的出现。增熵和衰老实际上是同义词。所以说，"生命是与熵联系在一起的，因此它也与不可逆过程联系在一起。"①

如果我们需要一个随时间变化的量，这个量必须是单向的，因为时间流动只能是朝一个方向它也必须与人们日常经验相一致。因为热力学第二定律明确规定，在所有自然的、不可逆的过程中，熵总是增量。所以说，熵如同时间的箭头。

在热力学系统中，一个较冷的系统比一个被加热的系统更有序。一般认为，激动、兴奋的局面就是混乱、危险的开始。人们冷静的（低熵的）的干预往往会化险为夷。热是度量一个系统内部无序和能量的量。

我们可以从无序中创造有序，或相反，从有序中产生无序，但从有序走向无序要比从无序走向有序容易得多。生活的经验无不

① 普里戈金·I.：《从存在到演化》，沈小峰等译，北京大学出版社 2007 年版。

如此。

能量、熵和有序无序这样的关系可以用概率概念来解释。Boltzmann 给出，系统处于某一能级 E_i 的概率 p 为：

$$P \propto \exp(-E_i/k_B T) \tag{4-26}$$

显然，如果只有一个能级时概率 p=1，有两个能级时 p=1/2，当能级很多时，根据概率论知道，这时处于某一能级的概率应与能级与时间之比（$E_i/k_B T$）的指数呈比例。即当温度越低时，熵的不可逆地增加可以看作是一种分子无序度增长的表达。而概率 P 与 $\exp(-E_i/k_B T)$ 成比例，与能级的概率有关。当温度非常低，若 $T \to 0$，$E_1 < E_2 < E_3 < \cdots$ 则有

$$\exp(-E_1/k_B T) > \exp(-E_2/k_B T) > \exp(-E_3/k_B T) \cdots \tag{4-27}$$

这表明，在低温条件下，概率最大的状态和占据最低能级相对应。该低能级的概率越大，对应的能级降低，能级低表示分子处于相对稳定的状态，即相对有序的状态。温度升高另一类分子的能级概率增大，温度越高，高能级的分子增多，这类能级的概率增大，大量分子活跃起来，显现无序状态。

下图给出能级与概率的关系曲线和熵与配容数的关系曲线。

从另一个角度看，对于孤立系统，熵总是在增加着，熵的行为像是孤立系统中的一个吸引中心。Boltzmann 认为，达到每一宏观态的方式数 Ω 系统的熵 S 可称成为宏观态的标志，于是他提出下列公式：

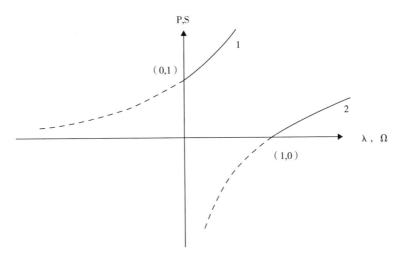

图 4-10　曲线 1：$P = \exp(-E_i/k_B T) \equiv \lambda$，**此时纵坐标为 P，横坐标为 λ；**
　　　　　　曲线 2：$S = k_B \ln \Omega$，**纵坐标为 S，横坐标为 Ω**

$$S = k_B \ln \Omega \tag{4-28}$$

式（4-28）中的 Ω 又称为最大配容数，实际上，最大配容数可以理解为期盼实现某一状态的最大方式数。例如，若只有一个小球 1 放在一个箱子里，这时系统只有一个分布方式，若把箱子分成 1、2 两部分，这个系统就有或放左边或放右边两个分布方式；若有两个小球 1 和 2 则就有了 4 种分布方式；随着小球和箱子分割数量的增加，系统各个体分布排列的方式也在增加。Boltzmann 给出这种分布排列的数量（也就是系统的无序度）的自然对数与系统的热力学熵成比例。就是说，对于任何给定的小球数，箱子的分割数越多，也就是能级级差越小，这也包含在无序的概念内。系数 k_B 称为 Boltzmann 常数。在统计物理学中 Ω 称为热力学概率，

（4-28）式称为 Boltzmann 熵公式。实际上，热力学系统的熵其实是分子排列的混乱程度。

Boltzmann 熵公式因为其有效性而在物理学领域被长期沿用。它被广泛应用的原因不仅是因为其简洁、明了，而且在于其理论性和实验性之间的协调一致。Boltzmann 熵公式对推动科学的发展作出了意义深远的贡献。

Boltzmann 熵公式可以改述为，熵是量度我们对某一系统可能的内部分布"不知"或"缺乏了解"或"缺乏详细信息"的一个量。该系统内部分布方式可能性越多，它的熵就越高，我们对该系统结构内部的未知或缺乏了解的程度就越大。例如，将上述小球放在箱子被割开的左边自由运动。如果把隔板抽掉，容积增大小球的位置可在左也可在右，随着小球活动空间的增大带来的是熵的增加，我们对这个系统的未知因素（即小球位置的不确定性）也在增加，我们需要补充信息，以确定小球的位置。

系数 k_B 称为 Boltzman 常数，它实为熵与负熵转换关系的系数。

$$S = - k_B \sum f \ln f , \; S = - k_B H \tag{4-29}$$

此处，f 称为粒子分布函数。

另一个角度看，设有一可能事件集，它们出现的概率为 p_i（$i = 1, 2, \cdots, n$）为已知，但是，哪一个事件出现则无进一步的资料。现在要找一个测度，如其存在为 H，则有：

（1）$H = H(p_i)$ 为连续函数。

（2）若所有的 p_i 都相等，则有：此即等概率事件；否则将有更多的不确定性，或称有更多的可选择性；H 为单调上升函数。

（3）若选择分相继两个步骤，则原先的 H 将等于各 H 的加权和。可以证明，满足上述三个条件的 H 具有下列形式：

$$H = - K \sum_{i=1}^{n} p_i \log p_i \qquad (4-30)$$

此式中 H 作为信息、选择和不确定性的度量。实际上，此即 Boltzmann 公式。k_B 为 Boltzmann 常数。

对生物体来说，当有不适或体温升高时，它的熵生成量会增加。在一定生理运行范围内，体内可作出反应使体温下降，熵可降到最小，这个过程称为负反馈。如果体温超过生理运行范围，系统失控，体内的熵便急剧增加，导致生命危险。

宏观世界的不可逆性是很明显的。正如李白在《将进酒》中所说："君不见黄河之水天上来，奔流到海不复回？君不见高堂明镜悲白发，朝如青丝暮成雪？"诗人感叹人生易老，时光不可倒流。

SchrÖdinger E（1887—1961）想象出了一个避免死亡的想法。它通过不断从周围吸收"有序"，放出体内的熵。他认为，Boltzmann 熵公式中，既然 Ω 是度量无序的量，那么它的倒数 $1/\Omega$ 可看成是度量有序的量，因为 $1/\Omega$ 的对数是负 Ω 的对数，这样就可得 $-S = k_B \ln(1/\Omega)$。当然，最理想的有序状态自然应是熵为零，即 $S = K_B \ln 1 = 0$。已如前述，我们是用系统所能容纳的微观分子不同排列组合的数目 Ω 来度量系统的无序度的，若 $\Omega = 1$，得出的结果是很难理解的，因为没有哪个系统将自己维持在一个非常少的排列组合状态之中。所以 $1/\Omega$ 是没有物理意义的。

这就是说，生物体不可能使熵向相反方向变化。Prigogine 指出，生命是与熵产生联系在一起的，因为它与不可逆过程联系在一起。

以上解释称为 Boltzmann 有序原理（Order Principle）在孤立系统中，是熵取极大值的态。任何对平衡态的偏离（涨落）都会使熵减少，根据熵增原理——任何自发过程只会使系统的熵增加并使系统回到最大的平衡态。故热力学第二定律保证了系统的平衡态是稳定的。熵取最大值的状态是分子排列最无序的状态。自发过程表现为趋于平衡和无序。换句话说，平衡态对应于无序，则非平衡是有序之源。

结论：结构功能律与层次转化律是事物（系统）发展演化的过程，而不是否定之否定过程。

第五章 事物(系统)发展演化的 目标——整体优化律

一、朴素的整体思想

最早的整体思想来源于古代人类社会的实践经验。人们要从事各项社会活动，就要在实践中同各种对象打交道，于是逐渐积累了认识系统、处理系统问题的经验，这就产生了朴素的整体思想即系统的萌芽思想。例如，古代巴比伦人和古代埃及人就把宇宙看成是一个分层次构成的整体。作为古老的农业国家，我国从殷商时代，在畜牧业和农业发展的基础上，产生了阴阳、八卦、五行等观念，来探究宇宙万物的发生和发展，从而开始了最早的对系统的思考与实践。《管子·地员》、《诗经·七月》等作品，对农作物与种子、地形、土壤、水分、肥料、季节诸元素的关系，都做了较为辩证系统的叙述。著名的军事著作《孙子兵法》从天时、地利、将帅、法制和政论等各方面对战争进行了整体的分析。医学著作《黄帝内经》也强调了人体内部各系统的有机联系。在对整体的经验认识的基础上，逐渐形成了对整体的哲学认识。朴素的整体思想在古代希腊哲学和古代中国哲学中以朴素辩证法的形式表现出来。米利都学派的泰勒斯、毕达哥拉斯，以及后来的赫拉克利特、德谟克利特都在他们的哲学思想中阐述过系统整体的观点。亚里士多德是欧洲思想史上第一个把许多门科学系统化的哲学家。他提出了"整体大于它的各个部分总和"的著名论断，指出了运用"四因论"来说明事物生灭变化的原因（质料因、形式因、动力因和目的因）。亚里士多德的四因论是古代朴素系统整体思想的最高表达形式和最有价值的文化遗产。

二、协同放大与整体

协同放大原理是指开放系统内部子系统围绕系统整体的目的协同放大系统的功能。使整体大于局部之和，例如，经济学的乘数原理、管理学的倍数原理、力学的加速原理、数学中的乘数论、物理学中的共振现象，以及在经济体制改革中的优化组合，这些都是开放系统内部呈现出的要素结构的有序，使系统整体功能放大。

非平衡系统的开放性，使系统内部结构与外部作用产生共鸣与涨落，这是促进系统内部协同放大的外因。那么，系统内部结构的差异的非平衡性、非线性作用是产生系统功能协同放大的内因。系统的非平衡性决定了系统内部物质、能量、信息的差异性，这种差异性的相互作用使系统要素之间与子系统间具有动态的非线性作用，而这种非线性的相互作用导致差异系统协同放大，并促使有序结构的迅速形成，以实现系统整体优化目的，也就达到了系统的和谐。

三、协同进化与整体

宇宙进化中，宏观的演化与微观的演化互为条件，相互对应、相互协调。宏观是微观的外部条件，微观是宏观的内部机制。宇宙的演化是宏观的分化与微观的整合相互对应的一个协同进化的过程，是系统改变了环境，环境又影响系统的交互作用。如奇点的大爆炸是"最大"与"最小"尺度的起源的交叉点；宏观演化岩山的出现与微观演化晶体出现的交叉；社会发展与生物个体发展的交汇——人脑；昆虫与植物的协同进化；微观上的血吸虫与哺乳动物宿主的协同进化，宏观上同一行业的竞争者汇集在一条街上，并卖同一类商品；分散的居民点汇集到一起形成城市，人与人之间、社团之间，他们的共生、合作、协调地竞争，比你死我活的斗争更加重要；等等。物理学家狄拉克认为，从宇宙到人，所有的物质世界不同尺度的结构、形态都取决于物理常数。这个常数就是协同的本质。这个从胀观到渺观的差异协同进化是宇宙进化的最根本的核心。这个协同进化的结果就是和谐系统，也就是整体的优化。

四、协同开放与整体

　　一个封闭系统是不能产生有序结构的。尽管封闭系统也可以处于非平衡状态，但这只是暂时的，封闭系统的发展趋势必定是自动地趋向无序的平衡态。只有系统内部具有非线性时，有差异涨落时有序才能产生。由此可见，开放性是产生有序结构的必要条件，而子系统非线性的相互作用即协同作用则是产生有序结构的基础，只有协同作用才是产生有序性的直接原因。

　　黑格尔说："和谐一方面见出本质上的差异面的整体，另一方面也消除了这些差异面的纯然对立，因此它们的互相依存和内在联系就显现为它们的统一。"①

　　是差异的要素之间的相互作用，消除了它们之间的对立，彼此融合和渗透构成一个新的有机整体。

　　因此，和谐就是指系统内部差异的要素在协调一致时的一种关系或属性。和谐是协同的另一种表述，也是协同过程中协同进化的另一种属性。

　　自然界、人类社会尽管纷繁复杂气象万千，然而又是那么和谐统一。恩格斯说："理论自然科学把它的自然观尽可能地加工为一个和谐的整体"。② 和谐整体的本质特点，揭示了自然界系统中的

① 黑格尔：《美学》第 1 卷，商务印书馆 1979 年版，第 180 页。
② 《马克思恩格斯文集》第 9 卷，人民出版社 2009 年版，第 423 页。

物质统一性的本质，即差异世界中的统一。

系统哲学认为，和谐是指系统之间、系统与要素之间、要素与要素之间、结构层次之间内在的各种差异部分，在整体中呈现出的协调一致的系统要素的属性。系统整体是和谐的基础。在一定条件下，数量比例匀称协调，结构合理而有序，从而按系统整体功能优化的趋势和方向发展。因此说系统整体的有机性是和谐的基础，和谐是整体优化的表征。

五、整体性与协同性的关系

如前所述，分岔的产生展现了对称破缺，而对称破缺是系统的各部分之间或系统与环境之间的互相作用的结果、一种进化。这个进化使无序状态的系统得以进一步向高层次，即新的有序状态转化。对称破缺、分岔是不可重复的事件，即一旦转化便回不到原来的状态。分岔是革新和多样性的源泉，它赋予系统新的结构状态。

前文曾说明，它不是原结构的改良，也不是简单的螺旋式上升，而是描述了一种崭新的结构。就是说，整体优化律给出了更大范围和更高层次上的事物发展的规律。其发展的状态和方向，不仅仅是否定、肯定两极，更是多级、多元的网络形态。

此外，整体优化律、自组织（涌现）律还揭示了在系统处于远离平衡态时，它是远比否定之否定规律更为复杂、在更为广阔的条件下从无序到有序、从新的无序到新的有序的运动和发展演化。

这对人们认识世界和改造世界有重要意义。

容易理解，人们在知识结构优化的过程中，每次增加的新信息，例如 ΔM，其重要意义，可以通过与已掌握的信息量 M 的比率来表征：$\Delta M/M$。

经知识结构的多次优化后，积累的全部知识量 K。

据此，我们可以说，从纯信息中提取为有意义的知识，或即大量的信息对于知识结构的优化来说，它们将服从对数回报法则，即 $K = \log M$。这就是说，知识的积累或知识的优化，不是简单的螺旋式、直线上升的过程，处于较高层次的知识结构后，知识的进一步优化（提高）将付出更多的努力和代价，这是一个非线性过程，由以上讨论的结果可知，这一过程应将按对数曲线规律变化。

从另一个角度看，一切事物、系统的运动发展不仅不是直线前进，而且，一般都是不连续的运动，往往是突变、跃迁、跳跃等不连续的过程。最近兴起的"量子经济学"证实了市场、股市、经济行为都是符合量子力学中光子、电子的运动规律。而量子力学和其他科学一样，他们的哲学理论基础，都是系统哲学给出的基本规律，诸如，物质的自组织涌现行为、层次转化行为、差异协同行为、整体放大行为，等等。它们都描述了事物、系统的非线性、不连续的运动与发展过程。

六、整体优化原理

系统哲学指出：整体性原理、优化原理，表述了整体优化律最本质的内涵和基本的内容。整体优化律主要揭示系统发展的总趋势与总的方向。

这就是说，从原来的无序状态通过涨落转变为一种时间、空间、功能的有序结构，这种非平衡态下的新的有序结构称为耗散结构。系统哲学的整体优化律，可以借助普里高津的局域平衡假定来说明。

根据局域平衡假定（Prigogine I, 1954），即认为系统整体是非平衡的，但系统可认为由无限多的子系统构成。任一子系统仍可看作一个宏观系统，因而可以用经典热力学的方法及其基本公式来描述。转而可以得到系统整体的信息。

下面讨论远离平衡态的稳定性问题。人们熟知，系统物质世界各种形式的运动、变化，设一系统受广义不可逆力 X 作用而发生系统物质的运动，把这种运动称为不可逆流 J，则有：

$$J = J(X) \tag{5-1}$$

或

$$J_k = J_k(\{X_i\}), \quad k = 1, 2, \cdots, n; \ i = 1, 2, \cdots, m \tag{5-2}$$

若按级数展开，略去高阶项，则得线性关系式：

$$J_k = \sum_l L_{kl} X_l \tag{5-3}$$

其中，L_{kl} 称为唯象系数（Onsager, 1931），它具有对称性，即 $L_{kl} = K_{lk}$。

发展都可以用非线性动力系统理论和非平衡态热力学来描述。

人们熟知，系统物质世界各种形式的运动、变化、发展都可以用非线性动力系统理论和非平衡态热力学来描述。

式（5-3）适合于非平衡线性区，在远离平衡态时的非平衡非线性区则不适用。对于远离平衡区的情况，J 和 X 是非线性关系。这正是非线性热力学要解决的问题：

在什么条件下系统远离平衡会失稳，会发生自组织过程，以致有可能产生新的结构。我们认为：整体优化律还揭示了在非平衡态下，从无序到有序的运动规律。即通过小涨落的逐渐放大而进入新的稳定态—耗散结构。

七、整体优化范例

民族是一个有生命的系统整体，最少说它有三个要素，因此我们考察民族问题时必须全面统筹整体设计，否则将产生难以预料的困难。首先，民族与民族之间的差异与不同，不是矛盾对立的，不是你死我活的斗争，而是差异融合的进化放大，是 1+2>3 的效应。国家恐怖主义、集团恐怖主义，甚至个人恐怖主义，都属于政策不当而造成的灾难。

其次，民族差异所导致的民族演化、融合，所产生的新民族，具有新民族的功能，它比原来的单一民族更优秀，这就是民族系统在进化过程中 1+2>3 的原理；相当于经济学中的乘数原理、管理学中的倍数原理，我们称为"民族乘数原理"、民族放大效应。这是极其重要的一个原理。

在中国历史上，几乎每一个朝代都在进行民族的演化与融合。而其演化与融合的结果就是一个新民族的诞生与民族进步，就是1+2>3的飞跃，就是民族差异多样性相互作用的发挥，就是整体民族放大的效应、民族的乘数效应和倍数原理。在国外，美国建国两百多年，已融合了许多民族。发展成了原来各个单独民族不可能达到的境界！表现出了政府乘数原理的效应，也是民族乘数放大效应的典型范例。1922年成立的苏联，把以前的一百多个民族融合成15个加盟共和国，但由于政治、经济、文化等多方面的原因，1991年又解体为许多民族国家。1868年日本明治维新前，日本存在着三百多个小封建藩府统治，明治维新后统一成为一个日本新民族一直维持到现在，取得了巨大的进步。现在欧盟的出现，是一个大的、统一的新民族出现的开端，无疑它是欧洲民族的历史性跨越。

从上面的例子可以看出，民族差异所导致的民族演化、融合，所产生的新民族，具有新民族的功能，它比原来的单一民族更优秀，这就是民族系统在进化过程中1+2>3的原理。因此，可以总结地说：

1. 民族事物是有复杂结构的一个生命系统，它是人类社会构成的基本要素单元。民族差异的多样性是民族整体和谐的基础，凡是符合民族系统发展规律的都可以达到民族和谐，否则就是不和谐，民族发展的规律性是和谐的标志，它具有一般有机系统的特征。因此，只能用系统思想与系统工程的方法去研究和解决处理，造福社会发展，才能产生民族乘数放大效应，否则就是反向的。

1987 年 5 月 25 日，钱学森在人民大学作报告时指出，社会主义现代化建设是一个伟大的系统工程，是最复杂、最特殊的巨系统。并提出，用社会系统工程学的方法，即科学技术与社会一体工程去解决社会问题。

那么民族问题的解决，也只有用社会系统工程学去处理。否则就可能产生极为恐怖的后果。

2. 民族与民族国家的差异性、多样性是社会进步的推动力；处理不当就是社会进步的阻力或破坏力。美国对外政策、苏联的车臣，是很好的反例。

3. 解决民族问题的最好方法是协商、谈判，就是中国传统思维的和合理念。如当时条件不成熟可以分步骤解决。暴力解决不了长期的、战略性的问题，如美伊、美阿的例子。使用暴力一定会产生相伴的行为，它就是复仇文化：仇必仇到底、有仇必报的恶性循环。世界上许多国家废除死刑就是这个道理。

4. 发达的民族与历史悠久的民族，由于过度的自信都会产生自豪感；不发达的民族有自卑感。所以必须取长补短、相互学习，绝对的民族优越性是不存在的。发达的民族不要骄傲，不发达的民族也不要沮丧，民族大家庭的共同目标是融合共进、协同放大、差异中求和谐。

5. 中国的改革开放会对世界民族演化发展产生巨大的影响。这是中华民族的骄傲，也是中华民族的责任，但其前提条件必须要进行思维方式、工作范式和改革模式的转换，才能产生 56 个民族的乘数放大效应，诞生一个崭新的伟大民族。

6. 民族问题说到底是社会发展问题。因此，方法、态度具有决定性意义。这恰恰说明民族问题不是一个纯理论问题，它是一个实践问题。

7. 民族和谐是一个过程。它包括起点、过程、终极态的和谐。如果过程不和谐，将产生周期震荡，社会只有震荡，没有进步，甚至倒退，这是十分可怕的。对于发展中的民族国家，所进行的任何改革，都必须进行总体设计，这是一条自然的规律。

第六章　重要定理

一、关于和谐性

和谐是指系统内部差异的要素在协调一致时的一种关系和属性，和谐是协同的外在表述，是协同进化的高级阶段，一种趋向极值的张力。

和谐有起点的和谐（如奇点），有过程的和谐（如共同进化、相互促进），有结果相对的终极态的和谐（如各种对称）平衡态，有相似的重复循环等。

自然界是有规律可循的多样性差异美的和谐。

各种运动形式之间，中观、宏观、微观各领域之间，四种基本力之间以及自然、社会、思维之间的协调演化，是对自然界多样性及过程和谐统一的最深刻的描述。也是自然界"内在和谐"和"内在美"的外在表征。

有机的多样性的差异整体是和谐的基础。系统事物的多样性、多方向性是和谐美的根源。比如一个差异统一体的多样性的生态系统生物链。

有机物与无机物的多样性的统一，也是自然界内在的和谐。在生物界一切生物的多样性的和谐都表现在统一的遗传规律和遗传物质系统的基因中。

对称性和谐是系统事物内部互相作用产生的自然美的一种和谐。也是一种可能的、阶段性的终极态的和谐。它是系统事物在演化过程中产生的一种对应和谐。

凡是有规律性系统事物都可能产生对称性美的和谐，对称性本身就是差异系统美的和谐。

19 世纪的门捷列夫的元素周期表，是按其内在的和谐规律和对称性，把自然界中的组成元素统一起来，成为化学中一个重要的基础理论。

自然界中的对称和谐统一的天然美，也反映在数学中，如牛顿力学的引力势、电学中的静电势都可以用二次偏微分方程式来描述。

宇宙的对称和谐这一理念给哥白尼与开普勒的宇宙理论学说提供了思想资源。

爱因斯坦在建立狭义相对论时，就把对称和谐的思想作为他的科学方法，并把物质世界的统一性称为"内在和谐性"、"内在完美性"与"神秘的和谐"。因此应该承认物质系统"内在美"就是和谐，物质系统的"内在和谐"就是系统事物的"外在美"。其实，对称性本身就是差异协同和系统的外在美。

各种守恒定律是自然界中统一和谐的表征。因此，协同与和谐是彼此相互联系、相互作用的系统事物，彼此互为目的与手段。协同以和谐为基础，和谐是协同的阶段与目的，和谐与协同结伴而演化；协同与和谐是事物系统不同层次的表征。

二、和谐社会

马克思说："……共产主义，作为完成了的自然主义，等于人道主义，而作为完成了的人道主义，等于自然主义。"① 这在一定意义上说，就是和谐的社会。

和谐的社会就是一个和谐的大系统。系统的和谐首先它是整体的、稳定的。没有整体性就没有稳定性，没有稳定性也就没有整体性，就没有和谐社会。

以下讨论对系统稳定性的识别，区别系统结构的各种不同的状态，稳定态、平衡态、近平衡态和非平衡态与系统结构形态的演化、变革、革新的关系，以及在和谐发展、构成和谐社会方面的重要意义。

系统哲学认为：一定的系统结构可以使组成系统事物的各个子系统要素，发挥它们单独不能发挥的作用与功能。系统辩证学强调系统的整体性，系统的局部的变化总是以整体联系为前提，只有事物的整体是处在相对稳定的状态，才可能呈现系统的功能，包括整体结构进

---

① 《马克思恩格斯文集》第 1 卷，人民出版社 2009 年版，第 185 页。

行有序的调整、整体协调发展、整体优化、整体构成和谐社会。

这就是说，系统的稳定态是系统发挥整体性功能的前提，不处在稳定态的系统不可能有整体性功能，系统的整体性原理要求系统具有稳定态，哪怕是短时的相对稳定也是必要的。

下面给出系统结构处于不同状态的特征和识别，为此，引进几个重要概念。

（一）守恒系统与耗散系统

我们熟知，经典力学可以认为是建立在能量守恒、动量（包括角动量）守恒基础上的、时间可逆的科学，是守恒系统的科学。也就是说，在系统的运动过程中没有能量的耗散，且不需区别是正向运动还是逆向运动，是正向时间还是负向时间。运动轨迹的形式是一样的。守恒系统力学问题的答案完全由初始条件决定。

耗散系统是一种引起运动过程不可逆的系统。时间反转，运动方程发生了变化，出现了问题的不可逆性。一切耗散系统都存在一个特定的时间方向，当时间趋于无穷大时它趋于平衡。

（二）孤立系统、封闭系统与开放系统

据热力学观点，物体表面不与周围环境交换能量和物质的系统称为孤立系统；只有能量交换而无物质交换的系统称为封闭系统；

而对既有能量交换又有物质交换的系统，则称为开放系统。

根据热力学第二定律，孤立系统的状态可用一个状态函数熵 S 来描述，它在趋向热力学平衡过程中单调增大，即有：

$$\frac{dS}{dt} \geq 0 \tag{6-1}$$

对一般地非孤立系统的熵变化可分为两部分：

$$dS = d_i S + d_e S \tag{6-2}$$

此处，$d_i S$ 为来源于系统内部发生的过程引起的熵变化（为非负值），称为熵产生；$d_e S$ 为熵流，表示来源与外界交换的熵变化，其值可正可负。对于孤立系统有 $d_e S = 0$，从而 $dS = d_i S \geq 0$（此处等号表示平衡态）这就是说，只要 $d_i S$ 为严格的正值，就将存在不可逆过程。亦即只有非平衡状态下的不可逆过程，对熵产生

$$\frac{dS}{dt} = \frac{d_i S}{dt} + \frac{d_e S}{dt} \tag{6-3}$$

$$P = dS/dt \tag{6-4}$$

才有贡献。换句话说，$d_i S > 0$ 与耗散条件等价。

在非孤立系统中（$d_e S \neq 0$），由于 $d_e S$ 可正可负，当 $d_e S < 0$，$|d_e S| > d_i S$ 时，则可能出现 $dS/dt < 0$ 的负熵流情况。这时系统向外传输熵，其所趋的态就是使熵小到可与外加边界条件相容的态，即近平衡定态。

所谓定态（或称稳定态）是指系统处于非平衡态时，描写其中

宏观运动的物理量不随时间变化的状态。定态,专指非平衡定态。

普里高津证明了最小熵产生原理,即在接近平衡的条件下,与控制条件相适应的非平衡定态的熵产生具有最小值。最小熵原理保证了非平衡定态的稳定性。即在非平衡态热力学的线性区,非平衡定态是稳定的。可见,最小熵产生原理反映了非平衡定态的一种"惰性"行为:当边界条件阻止系统达到平衡时,它将选择一个最小耗散的态。

根据热力学第二定律,体系中单位体积的熵产生 σ 恒为正。故在非平衡线性区系统整体的熵产生为:

$$P = \int_V \sigma dV > 0 \tag{6-5}$$

说明系统整体的熵产生恒为正。

$$dP/dt = 0 \text{(处于定态)}, \tag{6-6}$$

说明在非平衡线性区非平衡定态是稳定的。

$$dP/dt < 0 \text{(偏离定态)}, \tag{6-7}$$

说明偏离了定态熵产生增加,但随即减小,而最终会返回定态。

3. 远离平衡态

我们设想一系统受广义力 X 作用,产生了广义形变(称为

流）J。显然，不可逆流 J_k 是不可逆力的 X_k 的函数，即

$$J_k = J_k([X_i]) \qquad (6-8)$$

对于平衡态，不可逆力和不可逆流都等于零，$J_k = 0$，$X_k = 0$。

若将式（6-5）按级数展开，略去高阶项得线性关系：

$$J = \sum_L L_{kl} X \qquad (6-9)$$

L_{kl} 称为唯象系数。以后就把适合这种力与流呈线性关系的状态称为近平衡态。而把不满足这一线性关系的状态，即力与流呈非线性关系的状态，称为远离平衡态。

以上得出系统的状态分为：平衡态、近平衡态和远离平衡态。后两种状态都是非平衡态。实际上我们把非平衡区分为两部分：非平衡线性区和非平衡非线性区。在非平衡线性区，系统处于近平衡态，且总是朝着熵产生减少的方向进行，直至定态。因此，在非平衡线性区，即近平衡态，欲其出现有别于平衡结构的空间自组织结构或时间的有序结构是不可能的。于是，我们感兴趣（或寄希望）于对非线性非平衡区的探讨。研究其在什么条件下这类远离平衡态会失稳，会发生自组织过程，以至于有可能产生新的结构，进入和谐发展状态。

三、关于和谐性的定理

定理 1：凡是符合最小作用量原理的物质系统都是和谐的

其数学逻辑表达式可写为：

$$\delta \int_{P_1}^{P_2} mvds = 0 \Leftrightarrow H,$$

其中，H 代表和谐（Hexie，即 Harmonious）。数学符号⇔表示等价。δ 是变分符号。等价符号（⇔）前的变分方程是莫培督最小作用量原理的一种代表性表达式。式中，积分限为物质运动的起点和终点。

爱因斯坦认为，宇宙诸法之下存在一个和谐世界。而"最小作用量原理"就是它的核心，因此，凡是符合"最小作用量原理"的物质及其思维都是和谐的。这意味着在社会系统中，只有社会结构优化才能达到和谐社会。结构优化就是，生态系统、人类社会系统为了生存、发展，在与环境的相互作用下，以最少的能量取得最佳的效益，获得最大的效率，这就是最小作用量原理的精髓。比如，在苏共拥有 20 万党员的时候，取得了十月革命的胜利；在苏共拥有 200 万党员的时候，打败了德国法西斯；在苏共拥有 2000 万党员时，苏联国家解体了。党员数量的增长并没有带来执政能力的优化，在复杂的政治环境中，最终导致苏联垮台了。而我们的社会结构远远没有达到最小作用量原理的要求。另外，不仅是物质系统，思维系统也存在着这一规律性。不可能想象，在非理性思维的指导下，去构建一个理性的和谐社会。

在中国历史上我们看到的是：皇帝在换姓氏，百姓在传宗接代。汉武帝刘彻、董仲舒共同设计的"儒学加皇权"的模式，尤其后来把孔庙由家庙上升为国庙。社会进入漫长的暴君专制与暴民乱治的周期震荡中，此种社会是不可能和谐与持续的。因为皇帝的政权结构与儒教的思想结构都不是优化结构，落后是必然的。近代列强的坚船利炮中断了中国刑人与腐儒的争斗；而西方新思想的输入引发了顺民的造反与革命，使麻木而未僵的中国人开始苏醒。

马克思曾精辟地形容古代东方为"普遍的奴隶制"，中国便是代表。在"儒教与朕就是一切"的整合下的社会，中国是不可能有太多进步的，也是不可能达到和谐社会的，中国社会结构是世界上少有的超稳定的周期震荡结构、原地踏步（震荡）的结构。

系统哲学指出：世界是物质的，物质世界存在的基本形式是它的系统性、过程性、时空性……系统的发展是系统内部要素差异协同的非线性相干的运动，是系统结构功能差异耦合的结果；系统不仅在空间坐标中有结构，而且在时间坐标中也有结构。开放系统远离平衡态，与外界交换大量的物质与大量的能量和信息。在系统内部要素协同作用下该系统的涨落放大达到特定阈值时，就能形成一种"活"的高度稳定有序的耗散结构。[①] 根据耗散结构的涨落回归原理和吞并融合原理，稳定系统具有抗干扰能力和扩大及其优化发展的能力。

耗散结构是以对称破缺、多重选择和长程关联为特征的一种动态。

若系统的运动可用以下微分方程描述，即

$$\frac{dX}{d\tau} = f(X, \lambda) \tag{6-10}$$

其中 λ 代表某些控制参数，它可以表征系统受外界控制的程度。

---

① 参见乌杰：《系统哲学》，人民出版社 2013 年版。

当系统的状态接近于平衡态时，即在非平衡态的线性区，也就是当控制参数 λ 的值接近于 λ_0 时，最小熵产生原理将保证非平衡态的稳定性。在此条件下系统不可能自发产生任何时空有序结构。而当系统远离热力学平衡时，即在非平衡态的非线性区，当控制参数 λ 的值超过某一临界值 λ_0 时，即当系统偏离平衡态超过某个临界距离，则非平衡参考态有可能失去稳定性。任一微小扰动即可使系统经涨落发展到一个新的有序状态。

下面进一步讨论涨落。

前文已谈到，涨落在建立有序结构的过程中起着重要作用。并且把涨落视为宏观的、可连续变化的、可放大的一种量，似可遵循热力学关系和动力学方程。但宏观系统的涨落本质上是分立的，涨落的发生是一系列不连续的事件，因为物质世界及其变化本质上是分立的，不受宏观条件的支配。因此涨落是一种随机事件。对这类事件我们至多只能说它在某个特定的时间间隔发生的可能性有多大，或者说这一随机事件的概率有多大。

当系统处于平衡状态时，发生涨落的概率遵循一般的规律，即爱因斯坦涨落公式：

$$p(\{\delta X\}) \propto \exp\left[\frac{\delta^2 S}{2K_B}\right] \tag{6-11}$$

其中 $\{\delta X\} = \{X - X_0\}$ 代表一个广延量 X 对其平衡态的宏观平均值 X_0 的偏差，即涨落，$p(\{\delta X\})$ 是产生这种偏差的概率，K_B 是波尔茨曼（Boltzmann）常数，$(\delta^2 S)$ 是伴随这种 X 的偏差所引起的熵的二级偏差。

利用爱因斯坦涨落公式可以讨论在平衡态时，宏观变量 X 的涨落的相对大小和不同地点、不同时刻发生这种涨落的相互关系，即所谓涨落相关。一般地，在平衡态，涨落的作用与宏观平均值相比是很小的，常可忽略。但在平衡系统的分岔点情况就大不一样了，熵密度的涨落可以变得非常大，且会出现长程相关。这种情况的出现皆起源于子系统间的微观相互作用。这与系统的非平衡、非线性条件有直接关系。

此外，当系统的控制条件（如 λ）超过分岔点后，系统的渐进发展状态可有多种选择，且宏观决定性方法并不能确定系统选择某种状态的概率，也不能提供有关不同状态之间如何跃迁的机理。

为了准确了解涨落，不能再用宏观变量 $\{X(r,\ t)\}$ 来描述，而须用系统的各种微观自由度的分布函数来描述，分布函数 $\rho(\{r_i\}\ ,\ \{p_i\}\ ,\ t)$ 的研究是统计理论的问题。

谈到涨落就等于说某种事件的出现具有偶然性。设 X 的概率分布函数为：

$$P(x_i) = P\{X = x_i\} \tag{6-12}$$

且有：

$$P(x_i) \geqslant 0 \tag{6-13}$$

$$\sum_{i=1}^{n} P(x_i) = 1 \tag{6-14}$$

x_i 是 X 可能的取值集合。下面给出两个典型的概率分布函数（它们都满足大数定理），由此来看看涨落的相对大小。

对于高斯（Gauss）概率分布函数

$$P(X) = \frac{1}{\sigma\sqrt{2\pi}}\exp\left[\frac{-(x-a)^2}{2\sigma^2}\right] \tag{6-15}$$

此处 $a = const.$，$\sigma > 0$. σ 为高斯分布的方差的开方。

对于泊松（Poisson）概率分布函数

$$P(X) = \frac{a^x}{X!}\exp(-a) \tag{6-16}$$

其中 a 为 X 的平均值。根据中心极限定理，涨落的相对大小为：

$$M = \frac{\sigma}{\mu}(n)^{-\frac{1}{2}} \tag{6-17}$$

此处 μ 和 σ^2 分别为 X_1，X_2，$\cdots$，X_n 这些随机变量的平均值和方差。对于热力学极限 $n \to \infty$，则有 $M \to 0$，因此，此时对于宏观行为来说涨落只起很小的作用。

若中心极限定理①失效，即意味着随机变量不再是独立的，而是相关的即有某种合作效应出现。当系统处于远离平衡的时候，中心极限定理不一定成立，特别是在分岔点附近，涨落可达到宏观的量级，它强烈影响系统的宏观行为，系统的动力行为中涨落处于支配地位。因此必须用随机方法。

现在看看外部环境对涨落的影响。

---

① 中心极限定理可解释为：若随机变量可表示为大量独立随机变量的和，其每一个随机变量对于总和只起微小的作用，则可认为该随机变量实际上是服从正态分布。

涨落是由内部自发产生的，这是涨落的一种形式。此外，外部噪声同样影响系统的宏观行为，特别是在非平衡点附近，影响可能是巨大的，还可产生新的分岔点，引起新的非平衡相变现象。可以证明，输入一个外噪声就可以改变系统的宏观动力行为。正如系统哲学所指出：非平衡系统的开放性，使系统内部结构与外部作用产生共鸣与涨落，这正是促进系统内部协同放大的外因。

在这种情况下，系统进入耗散结构分支，进入新的和谐发展状态，整体优化，构成和谐事物。

系统哲学指出：凡是符合"最小作用量原理"的物质都是和谐的。我们以下说明这一论断。

要证明"凡是服从最小作用量原理的系统都是和谐的"，主要是说明以下两点：

第一，最小作用量原理与热力学定律的关系。

第二，系统因涨落是否仍能趋于稳定，构成整体性并呈现整体优化特征呢？这要分以下几种情况：

（1）系统在接近平衡态时，即在非平衡态的线性区，是否趋于稳定？

（2）系统在远离平衡态时，即在非平衡态的非线性区，出现什么特征？

（3）系统内部出现涨落或受外部的扰动后，是否可以趋于整体稳定性？

为此，首先介绍一下最小作用量原理的发展历程，什么是"作用量"呢？

实际上，自然界总是取那种使其时间与能量之积为最小的方式。也就是说，既省时间又省能量。时间与能量之积就叫作用量。

法数学家莫培督（Pierre Louis Moreau De Maupertuis，1689—1759）在 1740 年提出了这一原理（Principle of least action），实际上，他发表了一篇《物体的静止定律》的论文，其中寻求：不能由物理学给出的"更高一级的科学"，构思了最小作用量原理。1744 年在其发表的题为《论各种似乎不和谐的自然规律间的一致性》的论文中，明确提出了他的最小作用量原理。他定义"作用量"为质量、速度和所经距离的乘积的积分。欧拉给出了最小作用量原理的数学表达，他用严格的变分法证明了最小作用量原理。

高斯（Gauss Karl，1777—1855）于 1828 年发展了最小作用量原理。在此基础上，拉格朗日发展了分析力学，称为拉格朗日力学。

有人称最小作用量原理是物理学皇冠上的明珠（M Planck，1907）。作用量定义为 A：

$$A = m \int u \, ds \tag{6-18}$$

最小作用量原理，其最早的形式为（Lagrangge，1756）（取非等时变分号 Δ）：

$$\Delta A = \Delta \left[\sum_i m_i \int u_i \, ds_i \right] = 0 \tag{6-19}$$

此处，m_i 为第 i 个物质，u_i 为第 i 个物质的运动速度，ds_i 为第 i 个物

质在各自一定的时间间隔内所运动经过的距离。（$i = 1, 2, \cdots, n$）

即当系统在任意可能的空间构形间运动时，具有相同能量的所有可能的运动中，其真实运动使作用量 A 取极值。上式或写成：

$$\Delta \int_{t_1}^{t_2} 2E_k dt = 0 \qquad (6-20)$$

对于单一子系统来说，若消去时间参数后，则 Δ 可改为等时变分符号 δ，有：

$$\Delta \int_{t_1}^{t_2} 2E_k dt = \delta \int_{p_1}^{p_2} mv ds = 0 \qquad (6-21)$$

其中 p_1，p_2 表示在 n 维空间中的两个点，上式为通过该两点的路径积分的变分。

海默霍茨（H. L. F. Helmholtz）给出了最小作用量原理的下列普遍表达式：

$$\int_{t_1}^{t_2} \{ \delta(-\psi + E_k) + \delta A \} \, dt = 0 \qquad (6-22)$$

$$\psi = E - TS \qquad (6-23)$$

其中 ψ 为自由能，E 为系统的势能，E_k 为动能，T 为绝对温度，S 系统的为熵。δA 为这些参量变化时外界对系统所做的功。

海默霍茨证明了最小作用量原理与热力学定律相一致。实际上，最小作用量原理的表达式可改写为：

$$\delta A = \delta \int_{t_1}^{t_2} \left(\delta L + \sum_i f_i \cdot \delta q_i \right) dt = 0 \qquad (6\text{-}24)$$

其中 L 为拉格朗日（Lagrange）函数，实际上，L 是系统的内能 U（如选 S，V 为自变量）或为自由能 ψ（如选 T，V 为自变量），f_i 为第 I 个单位体积的势能，δq_i 为广义位移。

于是有：

$$L = -E + TS + uE_k \qquad (6\text{-}25)$$

普朗克（Planck，M.）、爱因斯坦（Einstein）建立了相对论热力学体系，若选择相对论热力学的最小作用量原理取下列形式：

$$\int_1^2 (\delta L + \boldsymbol{k} \cdot \delta \boldsymbol{r}) \, dt = 0 \qquad (6\text{-}26)$$

其中，$L = -\gamma^{-1} m_0 c^2$，$\boldsymbol{k}$ 为广义力，$\delta \boldsymbol{r}$ 为广义位移矢量，γ 为温度变换系数，m_0 是物体静止时的质量，c 是光速。

由相对论热力学的基本公式：

$$dU = TdS － PdV \qquad (6\text{-}27)$$

其中 $P = (\partial L / \partial T)_V = -(\partial \Psi / \partial T)_V$，$P = (\partial L / \partial V)_S = -(\partial \Psi / \partial V)_S$，$P = (\partial L / \partial V)_T$。从而，不难导出更一般的热力学第二定律和第一定律：

$$dW + dU = TdS \qquad dW + dU = dQ \qquad (6\text{-}28)$$

海默霍茨得出结论"自然界所发生的一切过程都由世界的永

不消失和永不增加的能量涨落来描述，能量的这种涨落定律完全包容在最小作用量原理中"。海默霍茨从数学上论证了最小作用量原理是描述世界自然规律的复杂问题。

由以上的讨论和论证可以得出：

（1）就是说，最小作用量原理可以导出热力学定律，而在热力学定律的前提下 Prigogine 证明了最小熵产生原理，就是说最小作用量原理和最小熵产生原理相一致。

（2）最小熵产生原理保证了热力学线性区，非平衡及平衡态的稳定性，也就是说最小作用量原理也有此特性。

（3）在非平衡态的非线性区，当系统受扰动而偏离平衡态超过某个临界值时，非平衡参考定态将失去稳定性，这时，熵产生不一定取最小值。因熵和熵产生不具有热力学势函数的行为，最小熵产生原理不再有效。

这时，过程的发展方向不能依靠纯粹的热力学方法来确定，必须同时研究动力学的详细行为来分析系统的稳定性。

当控制参数 λ 的值超过某一临界值 λ_0 时，即当系统偏离平衡态超过某个临界距离，则非平衡参考态有可能失去稳定性。在与外界环境交换物质和能量的过程中，任一微小扰动即可使系统经涨落发展到一个新的有序状态（这就是耗散结构），同时进入新的稳定状态。

现在看最小作用量原理与动力学方程的关系。前已得出最小作用量原理的拉格朗日（Lagrange）形式为：

$$\Delta \int_{t_1}^{t_2} 2E_k \mathrm{d}t$$

考虑到 Lagrange 函数 $L = E_k - V$，则不难导出下列 Lagrange 方程以及动力学普遍方程：

$$\frac{d}{dt}\left(\frac{\partial L}{\partial \dot{q}_k}\right) - \frac{\partial L}{\partial q_k} = 0 \qquad (6-29)$$

这就是说，最小作用量原理等价于完整系统的运动方程。

$$\sum (\boldsymbol{F}_i - m_i \boldsymbol{a}_i) \cdot \delta r_i = 0 \qquad (6-30)$$

以上说明，由最小作用量原理可导出热力学定律和动力学普遍方程，即最小作用量原理与热力学定律及动力学运动方程是一致的。

于是可以说，凡是满足最小作用量原理的系统都可以用热力学和动力学任一种或联合的方法进行分析，研究其整体稳定性。

于是，由动力系统的利亚普诺夫（Liapunov）不稳定性定理及以上分析可知，熵的二级偏离 $\delta^2 S$，即超熵产生（简称超熵），可以作为利亚普诺夫函数。$\delta^2 S$ 的正负性取决于系统的控制参数和动力学参数的值，这些参数反映了系统偏离平衡的程度。

就是说，凡是满足最小作用量原理的物质（系统），不论是平衡态、近平衡态，还是远离平衡态的系统；也不论受怎样的涨落、外部扰动作用，都最终可以趋于系统的整体稳定性。有了整体稳定性，根据系统辩证学法则不难得出系统的整体优化、和谐放大的特性。

这样，我们就证明了"凡是符合'最小作用量原理'的物质都是和谐的"这一重要定理。

系统哲学指出：随着科学技术的发展，展现在人类面前的世界是一个五彩缤纷的画面。在系统物质世界进化过程中，大量的新的涌现出现，而且这些新的涌现的自由度、主动性又很大，巨量的复杂系统出现了巨量的随机运动，在这些非线性的随机运动中把握系统的进化规律，就要依靠统计平均的理论来揭示系统进化的规律，这就改变了由初始态的动力学规律推演出一切进化状态的传统方法。这是对经典力学的发展与革命……管理学的革命……还有哲学的革命。从而进入和谐发展的社会。

四、和谐性定理的启示

综上所述，系统辩证学不仅为改革与实践从理论上提供了依据，作出了解释，而且对深化改革，构建和谐社会提出了应遵循的原则。

1. 凡是符合最小作用量原理的物质及其思想都应该是和谐的。以不和谐的思想为指导，要想达到和谐社会是不可能的，因此必须进行思想范式的转换。符合最小作用量原理意味着：我们的社会结构必须是最科学、最合理、最优化的社会结构，它必然是最高效、成本最低的社会结构，它的生态系统也必然是可持续的。因此，我们必须进行社会结构与实践范式的转换。

2. 为了达到相对终极态的和谐社会，中国必须要有总体的改革设计，并系统地实施、系统地调控与反馈，还要求操作的适时性、成果的准确性和时效性。这就意味着，政策的系统配套（即政治、经济、文化对称性和谐的政策）。否则，中国现在改革过程中产生的弊端将无法消除，还将会不断扩大，并严重影响中国的稳定发展。

3. 和谐社会是一个历史进程，它包括：起点的相对和谐、过程的相对和谐、终极态的相对和谐。如果过程是不和谐的，将产生周期性的震荡，社会不可能进入和谐的演化过程，还会大大延缓社会的进步，就像中国封建社会数千年一样，只有周期震荡，而少有社会进步，这是中国人最大的教训。

纵观世界各国的历史，现在全球比较发达的国家和地区，如：西欧与美国等，相对较为和谐的社会，没有一个是自然演化形成的，都是经历了上百年的改革（或革命）。有的是自上而下的改革，有的是自下而上的革命。中国的富强道路不可能是一个例外。因此，中国必须不断地坚持改革，走还政于民、创富于民，而后强国的路线。坚持自上而下与自下而上相结合的改革，一定要避免形成停滞与震荡的周期。只有改革才能产生新的涌现、新的活力、新的创造力，才能克服周期震荡。

4. 凡是规律性的事物都可以产生美的和谐。规律性是系统物质运动、演化、发展中的和谐，符合规律就和谐，否则就是不和谐；因此，规律性是和谐的标志。在人类社会中，可持续发展、法制、可调控的市场经济，都应该属于规律性的事物，在这种条件下，社会应该是相对平稳与和谐的。也应该是可持续发展的，这样的社会才可能产生文化、经济、政治、环境协同进化，才能产生社会的对称性和谐，人们才能幸福快乐。否则就会是另外一种景象。

5. 回答了爱因斯坦、杨振宁的问题。爱因斯坦、杨振宁都赞叹，惊奇自然世界的奇特、优美和高超的理性和谐，甚至有"前定和谐"。自然界为什么是这样呢？其实就是因为宇宙演化总是以理性美为灵魂，以最小作用量原理为核心，向真善美相统一的方向发展，以达到系统优化的极值。它的表象就是简单、深邃、对称、和谐、守恒美。

这个原理可以应用于起点、过程、终点的一切工程设计。对中国现实来说，实践和谐社会必须彻底改革我们的生存模式，包括思维方式、文化方式、治国方式的改变等。最小作用量原理是一切事物优化与否的唯一标准，它也是和谐社会的精髓。因为自然界总是取时间与能量之积最小化的方向演化。

五、关于剩余功能的定理

涌现往往与整体性联系在一起，但涌现不是整体。涌现（性）具有整体属性，但整体不是涌现。一般来讲，整体有两种，一种是加和性，另一种是非加和性。我们把非加和性与加和性的差额叫作"剩余功能"。这个"剩余功能"是由系统的"剩余结构"引发的，也叫"剩余效应"。第一种的整体没有有机结构，也可以说"剩余结构"及"剩余效应"等于零，具有静态性。第二种是有系统整体性的整体涌现，它有动态性，这个涌现整体有层次性、结构性、功能性和自相似性，一旦生成，有不可逆性。

定理2：凡是涌现生成的剩余结构（剩余功能）均服从对数法则

事物、系统发展演化的过程要比质量互变复杂得多，系统哲学给出了系统发展演化所遵守的整体优化原理、协同放大原理、剩余功能理论，以及自组织涌现律，等等。下面我们将进一步予以说明。

系统哲学告诉我们：各种不同的物质系统，都处于物质、能量、信息永不停息的运动中，都以不同的方式实现着优化的存在状态或优化的发展过程。系统各部分（各子系统）间的相互作用，一般地讲是非线性的。所以系统的整体行为无法通过相对独立的各组成部分的简单相加得到。一般地说，"整体大于部分之和"是整体优化的普遍结果。

自组织涌现现象实际上就是存在差异的各子系统不断地改变其稳定的模式，各稳定模式的变化和各不同模式的演化，各差异模式间的相互作用使得系统功能的增加，同时提高了系统的层次。涌现出的新结构是一种具有耦合性的前后关联的相互作用的结果。它也有可能在短时间内会出现部分子系统在整体约束下失去了某些特性，出现劣化现象，但由于协同和谐作用，最终会涌现出整体大于部分之和以及整体优化的结果。这就是，自组织涌现原理、层次转化理论和整体优化原理给出的必然结果。

宏观系统的涨落是生成"涌现"的过程。"涌现"形成后，它就具有一种稳定的模式（新结构）和新的功能。"……这个涌现整体有层次性，有结构性，有功能性，一旦生成，有不可逆性。"

　　涌现生成的新结构，及其所具有的新功能，与原结构相比必然生成所谓"剩余结构"或"剩余功能"。实际上，剩余功能也就是系统的新增功能。涌现是原系统的创新，是原系统的优化过程，它与优化前的系统相比增加了新功能，变成了新结构。所以说，涌现就是革新，涌现就是那个层次的系统最优化。我们说，科学发展，实际上，就是如何遵循自组（织）涌现原理研究事物、系统的创新和系统的最优化问题。

　　"一般讲，整体有两种，一种是有可加性，另一种是非加和性。我们把非加和性与加和性的差额叫作'剩余功能'。这个'剩余功能'是由系统的剩余结构引发的，也叫'剩余效应'。"

　　现在我们假定第一种可加和性企业体系为 G_1，第二种非可加性企业体系为 G_2，它们分别由 n、m 个子系统组成，即：

$$G_1 = g_{11} + g_{12} + \cdots + g_{1n}$$

$$G_2 = g_{21} + g_{22} + \cdots + g_{2m}$$

　　现在将两个系统分别进行整体功能优化，优化后的功能分别转化为 $\hat{G}_1$ 和 $\hat{G}_2$，于是有：

$$\hat{G}_1 = G_1$$

$$\hat{G}_2 = G_2 + \Delta G$$

　　其中，ΔG 为剩余功能，在这种情况下，对于第一类可简单相加的系统来说，$\Delta G = 0$，我们相信一般的系统多属于第二种非线性系统，即整体为非可加和性系统。实际上，第一种可加和性系统经一次或多次整体优化后也可转化为第二种系统,统称为 G。整体功能优化后总会产生"剩余功能"ΔG > 0 的情况,剩余功能的意义可用比率 k = ΔG / G 来度量,一般有:

$$k = \frac{\Delta G}{G} > 0 \qquad\qquad (6\text{-}31)$$

前文曾说明,剩余功能的积累服从对数法则,说明剩余功能的积累并不是直线增长,根据优化过程付出的代价之不同,决定其给出的剩余功能的总值 k(如图 6-1 所示)。也就是说,要想获得较大的剩余功能,就要付出越来越多的代价 G。

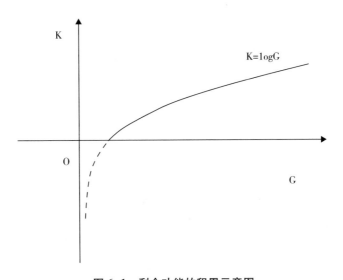

图 6-1　剩余功能的积累示意图

容易理解,人们在知识结构优化的过程中,每次增加的新信息，例如为 ΔG，其重要意义，可以通过与已掌握的信息量的比率来表征。

经知识结构的多次优化后，积累的全部知识量 K 为 dM/M 的积分，即：

$$k = \int \frac{dG}{G} = \log GC \qquad\qquad (6-32)$$

于是有：

$$k = \log G \qquad\qquad (6-33)$$

据此，我们可以说，从纯信息中提取有意义的知识，或即大量的信息对于知识结构的优化来说，它们将服从对数回报法则。这就是说，知识的积累或知识的优化，不是简单的螺旋式或直线上升的过程。由图 6-1 可见，处于较高层次的知识结构后，知识的进一步优化（提高）将付出更多的努力和代价。

整体优化律是系统哲学的基础规律，它揭示了事物发展的自我完善过程。整体优化律发展了否定之否定律。整体优化律揭示了否定之否定律所没有的多向性及合力网络动因。它深刻地揭示了物质运动过程是一个系统化过程，即有序化、组织化、多分支化和整体优化过程。

由此可见，事物的发展演化是一系列复杂的非线性过程。

在经济学中，资本的积累、科技的升华、劳动力的提高、产业的转型都遵循此规律。在社会发展中，社会的转型也是如此，并且它可以给出量化的数据。

六、关于最小熵产生原理的引申

（一）Onsager 互易关系

现在先考虑热力学第二定律对时间、空间对称性的限制，因为一种不可逆过程的流并不一定和所有的不可逆过程的力有关。利用 Onsager 互易关系可以解决这个问题。

Onsager 互易关系（$L_{ij} = L_{ji}$），当第 i 个不可逆过程的流 J_i 受到第 j 个不可逆过程的力 X_j 的影响时，第 j 个不可逆过程的流 J_j 也必定同样受到第 i 个不可逆过程的力 X_i 的影响，并且表征这两种互相影响的耦合系数相同。注意到，只有在所定义的力和流满足熵产生 $\sigma = \sum_k X_k J_k$ 的情况下 Onsager 互易关系成立才会是正确的。

Prigogine 在这些条件下，把非平衡系统分成若干足够小的但仍包含大量粒子的子系统，可以把每一个子系统近似地看成处于平衡状态，各子系统之间未达平衡。这就是局域平衡假定。这样就可以研究局域熵（Local entropy）S_v（因为熵是广延量）、熵及其对时间的变化率为：

$$S_v = S_v(\rho_i(\boldsymbol{r},\ t))\qquad \frac{\partial S_v}{\partial t} = \sum_i \left(\frac{\partial S_v}{\partial \rho_i}\right)\frac{\partial \rho_i}{\partial t} \qquad (6\text{--}34)$$

其中，$\rho_i(r, t)$ 为 r 处 t 时刻广延量（即局域熵）的密度。对于每一个子系统，因为处于平衡态，故可以应用经典热力学的 Gibbs 公式。即设单位质量介质的熵为 $\breve{s}$，则有：

$$\frac{d\breve{s}}{dt} = \frac{1}{T}\frac{d\bar{e}}{dt} + \frac{p}{T}\frac{d\bar{v}}{dt} - \frac{1}{T}\sum_i \bar{\mu}_i \frac{dc_i}{dt}$$

其中，$\bar{v}$，$\bar{\mu}_i$，c_i 分别为单位质量的体积，化学势和第 i 种组分的质量分数。由于有了这一假定，那么单位时间内的熵产生 σ 为：

$$\sigma = \frac{d_iS}{dt} = \sum_i J_i X_i \tag{6-35}$$

对于热力学平衡态，全部不可逆过程同时有：

$$J_i = 0 \quad X_i = 0 \tag{6-36}$$

由于熵并不是一种守恒量，一个系统的总熵将随时间而变化：

$$\frac{dS}{dt} = \frac{d}{dt}\int_V sdV = \int_V \frac{\partial s}{\partial t}dV = -\int_\Sigma d\Sigma_n J_s + \int_V dV\sigma \tag{6-37}$$

其中 J_s 为单位面积的熵交换率，于是有：

$$\frac{d_iS}{dt} = \int_V \sigma dV \equiv p$$

$$\frac{d_eS}{dt} = -\int_\Sigma d\Sigma_n J_s \tag{6-38}$$

此处 p 也成为熵产生，实为整个系统中熵的产生率。

（二）最小熵产生原理

1945 年 Prigogine 给出了最小熵产生原理，即在接近平衡的条件下，和外界强加的控制条件相适应的非平衡定态的熵产生（单位体积中产生熵的速率，记作 σ，其体积分 $p = \int \sigma dV$，也称为熵产生）。

熵产生即熵的变化速率。一个非平衡定态的熵产生具有最小值。由此导出：在非平衡态热力学的线性区，非平衡定态是稳定的。

线性区熵产生 p 随时间的变化，如下图所示：

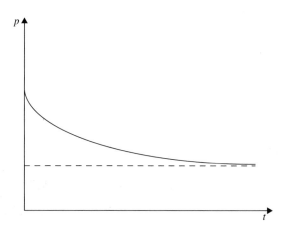

图 6-2　线性区熵产生随时间的变化曲线

图 6-2 说明，线性非平衡区的系统随着时间的推移，总是朝着熵产生减少的方向进行，直到达到一个稳定态。此后，熵产生不

146

再随时间变化，即有

$$\frac{dp}{dt} = 0 \tag{6-39}$$

以上表明，在线性非平衡区，定态的熵产生 p 达到了极小值。这一原理保证了在线性非平衡区系统随着时间的推移总是趋向定态。即便是小的发生扰动（不致使系统远离平衡区）也不会影响这一趋势。

定理3：凡是满足最小熵产生原理的演化过程都是最优演化过程

系统哲学指出，整体性原理、优化原理，表述了整体优化律最本质的内涵和基本的内容。整体优化律主要揭示系统发展的总趋势与总的方向。人们熟知，系统物质世界各种形式的运动、变化、发展都可以用非线性动力系统理论和非平衡态热力学来描述。

以下我们将证实两点：一、最小熵产生原理在一定条件下等价于最小作用量原理；二、最小熵产生原理等价于最小能耗率原理。

实际上，在定理1中，我们已经证实由最小作用量原理可以导出热力学定律，而在热力学定律的前提下 Prigogine 证明了最小熵产生原理，就是说最小作用量原理和最小熵产生原理相一致。其前提条件是服从 Onsager 倒易关系，唯象系数是常数。这同时也说明最小熵产生原理虽并不是普适的，但已说明在一定条件下，它和最小作用量原理等价。

事物的运动、演化过程都是一种耗能费时的过程。我们认为系统在发展演化过程中耗能最小、费时最短为最优过程。最小作用量原理保证了系统在演化过程中花费的时间最短、能量最小。这就说明，在上述条件下，系统的演化过程同时满足最小熵产生原理和最小作用量原理。

以上还说明，最小熵产生原理等价于最小能耗率原理。无须进一步证明。

这条定理可以应用于各种工程及事物的进展当中，包括社会系统工程。检查在工程进行中是否是优化的过程？是否是优化的工程？这样可随时调整路线图以达到目标最优和过程最优。

七、关于自组织涌现的不可预测性的定理

讨论任何一项社会问题都是一个复杂的系统哲学和系统科学问题，例如研究人口问题或城市建设中能耗调控问题等等，都是复杂的大系统发展、演化以及发展预测问题。研究的对象可以各式各样，但对任何一个系统来说，他们发展演化的规律都脱离不了系统哲学所给出的基本规律和系统哲学原理。例如，由若干子系统组成的一个大系统的运动、发展、演化过程中，一定要遵守差异协同原理、自组织涌现（突现）原理，最终达到层次转化、和谐发展进步的结果。但不排除在系统发展演化过程中可能出现各种复杂的情况，如多次涨落、震荡以及出现混沌等非线性行为。这种随机行为的出现，对于一个非线性、非平衡态的系统和远离平衡态的系统来说，属于不可避免要经历的发展过程。

一般地说，复杂系统发生演化，是由于系统的自组织作用，系统内部子系统之间相互作用而产生了一种能量。使得一些子系统克服势垒发生运动，根据自组织涌现律，系统最终必将出现涌现。"涌现的特性、功能、行为是要素间的非线性相干与自然系统选择的产物。""涌现是系统自组织演化最辉煌的硕果，它是系统演化的根本基石是宇宙之砖。""每一个新的涌现的产生周期越来越短，速度越来越快，可预测性越来越低。"即所谓"涌现有突变性及不可预测性"。[①] 即所谓"蝴蝶效应"。

为了未雨绸缪，人们总想预测涌现的终极状态，并了解在自组织涌现过程中的信息。至于哪些子系统，并向哪些方向上运动，从而引起宏观演变，是有随机性的。系统内部的这种复杂的迁移运动机制，实际上是系统内部结构变化的随机过程。

根据以上系统哲学原理，我们可以给出转移概率的数学描述。并给出下列定理。

定理 4：马尔可夫过程定会引发新的结构层次的升华

下面来构建系统发展演化的随机模型。

实际上，系统状态的转移可以认为只是在 $t = t_n$（$n = 1$，2，3，$\cdots$）时刻发生。于是，这一过程可认为马尔可夫（Markov）链[②]，即时间与状态都是离散的。就是说，运动仅仅依赖于前一次迁移后的状态，而与更以前的情况无关。如果我们假定由状态 E_i 经过一次演变到状态 E_j 的概率与进行的演变是第几次演变无关，则可用 p_{ij} 表示由 E_i 经过一次演变到状态 E_j 的演变概率。P_{ij}（n）

---

① 乌杰：《系统哲学》，人民出版社 2013 年版，第 82 页。
② 最简单的马尔可夫随机过程被称为马尔可夫链，详见"附录三"。

表示由状态 E_i 经过 n 次迁移而到达状态 E_j 的概率。

由于从任何一种状态 E_j 出发，经过一次迁移后，必然出现状态 E_1，E_2，E_3，…中的一个，故有转移概率 p_{jk} 为：

$$\sum_{k=1}^{\infty} p_{jk} = 1, \quad (p_{jk} \geqslant 0, \quad j = 1, 2, 3, \cdots) \qquad (6\text{-}40)$$

对于马尔可夫过程，移转概率：用 $P_{ij}(t, \tau)$ 表示，已知在时刻 t 系统处于状态 E_i 的条件下，在时刻 τ（$\tau > t$）系统处于 E_j 的概率称为转移概率。转移概率完全描述了马尔可夫过程的统计特征。

于是，随机矩阵 P 为：

$$p = \begin{bmatrix} p_{11} & p_{12} & p_{13} & \cdots \\ p_{21} & p_{22} & p_{23} & \cdots \\ p_{31} & p_{32} & p_{33} & \cdots \\ \cdots & \cdots & \cdots & \cdots \end{bmatrix} \qquad (6\text{-}41)$$

实际上，系统中的子系统总是在运动着，故导致了整体不断演变。由以上讨论可知，对于马尔可夫链在 t+Δt 时刻子系统发生变动数为：

$$z(t + \Delta t) = pz(t) \qquad (6\text{-}42)$$

此处 z（t）为 t 时刻主动变化矢量，且有：

$$z(t) = zp(\Omega^i, t) \qquad (6\text{-}43)$$

z 为运动机构总数，$\mathbf{p}$（Ω^i，t）为概率分布矢量。

若单位时间内越过高度为 Ω 的势垒发生事物变化、运动的频率为 C，则根据 Boltzmann 统计，外因因子为 T（不计外因时 T = 1），则事物运动的概率 p 与 exp（$-\Delta F/K_B T$）成比例，有：

$$p(\Omega \to \Omega + \Delta\Omega) = C\exp\left(\frac{-\Delta F}{K_B T}\right)\Delta t \qquad (6-44)$$

其中ΔF 为自由能，K_B 为 Boltzmann 常数。而

$$\Delta F = \Delta E - T\Delta s \qquad (6-45)$$

此处ΔF 为激活能，Δs 为激活熵，C 可视为与宏观变化率有关的常数。

从定性到半定量或定量，可得出问题的发展趋势和可达到的新量值。从而用系统哲学原理构建社会问题发展演化的预测学（Prognostics）。

这就是说，对于非线性系统的动力行为往往是很复杂的，混沌现象和随机现象都有可能发生。对于某一过程如果是随机过程的话，则其某一时刻的值，是无法事先得出的，即所谓它们都是随机量。对于马尔可夫过程，其某一时刻的值仅与其当前的值有关，而与其以前的状况和数值没有关系。建立了这样的一种数学模型，便可以对需要研究的问题给出预测。

对某一事件或某一问题的发展过程的预测，首先应对该问题进行调查研究，对其历史发展情况和目前的状况有详细的了解，掌握基本的数据和目前的态势。

随着时间的推移熵增加时，不断产生的新信息会使我们对系统的未知程度增加。热力学系统的信息不像守恒的能量，它是一个不守恒的量既不可能使它恢复原状了解它的全部，也不可能预测它的未来。

现在进一步研究马尔可夫链的有关问题。根据马尔可夫过程的定义，描述事件 C 的 Ψ 个连续步骤有 N 个态：

$$Q_1, Q_2, \cdots, Q_i, \cdots, Q_n$$

由于涨落，系统的不同部分会自发地克服势垒而发生对原态的偏离，而转移到一个新的态，这个过程所需时间与位势差、序列总数有关 $[\ t \simeq e^{N\Delta U}\ (\Delta U$ 为势差$)\ ]$。若令涨落引起的熵变 为 ΔS，则涨落出现的概率 p 为：

$$p \simeq \exp\left(\frac{1}{k_B}\right) \Delta S$$

事件 C 的一切序列的总数（也就是所有可能的总概率数）为 N。于是类似地有：

$$N \simeq \exp\left(\frac{1}{k_B}S\right)$$

对于等概率事件的概率 $p_1 = p_2 = \cdots = p_n = 1/N$，当所有的状态都具有相等的概率时为 $P_i = 1/N$，此时马尔可夫熵取最大值。

如前所述，根据马尔可夫链的特点，事件 C 应至少满足以下三个条件：

1. 对于一个给定的状态数目 N，且有 P（C）≥ 0，$\sum$P（C）= 1。

2. 对于组合体 A 和 B 来说，它们的熵为可加性的，即有

$$S(AB) = S(A) + S_A(B)$$

其中第二项表示体系 B 在体系 A 处于给定状态 A 的条件下的熵。

3. 同时熵 S 也是 p 的单调上升的连续函数，于是有：

$$S(P(C, t)) = -\sum_C P(C, t) \ln P(C, t)$$

可以证明，下列形式的方程：

$$S = -k \sum_i^n p_i \log p_i$$

可以满足以上三个条件。

为了满足马尔可夫链的特征，还应考虑到将转移过程中的吸引区除去，这样选出的序列 n' 与马尔可夫链的要求才会相符（这常被称为马尔可夫划分），故将描述事件（C）的概率写为：

$$P(C) = P_{i,}, P_{i1\,i2}, \cdots, P_{in-1\,in}$$

其中 P_i 是马尔可夫过程的 N 个态的序列的初始概率，而 P_{ij} 是在时间间隔 Δt 内从状态 i 到状态 j 的转移概率。序列 n' 可按下式估算：

$$n' \simeq e^l$$

于是，马尔可夫链的熵可定义为①：

---

① 定义马尔可夫链的熵应考虑上述几个条件及热力学过程概率理论的要求，详见，例如，哈肯，《协同学》，1984 年版。

$$I = - \sum_{ij} p_i p_{ij} \ln p_{ij} \qquad (6\text{-}46)$$

此即当马尔可夫链从初始态 Q_i 向前推进一步所获得的信息总量的一个度量。其中 p_i 表示初始的概率分布，p_{ij} 表示转移概率。

已知事件 C 的一切序列的总数 N，故有：

$$N = e^{\ln N} \cong e^I$$

如前所述，平衡态涨落出现的概率完全决定于热力学量，对于非孤立系统可由 Boltzmann 公式得到，即平均概率为：

$$p_{平均} = \exp\left(\frac{1}{k_B} \Delta S \right) \qquad (6\text{-}47)$$

ΔS 为涨落引起的熵变。由此，马尔可夫链的熵的最大值为：

$$I_{\max} = \ln N \qquad (6\text{-}48)$$

因此，除去无意义的情况 N = 0 外，始终有：

$$I < \ln N \qquad (6\text{-}49)$$

当事件 C 的马尔可夫过程的序列 Ψ 足够长时（例如 $\Psi \to \infty$），则有：

$$e^I \ll e^{\ln N} \quad (\psi \to \infty) \qquad (6\text{-}50)$$

已知，e^I 与系统出现偏离的概率成比例，这就是说，所有序列 C 中仅有很小一部分其概率之和充分趋于一。对于非孤立系统，几乎没有出现平稳的机会。故对于等概率的偏离作用可以导致系统的非平衡，我们知道，熵取最大值的状态是分子排列最无序的状态，平衡态对应于无序。"非平衡是有序之源"。系统的非平衡可以导致出现混沌动力学等复杂情况，最终，由于涨落的作用，在足够时间内（例如在时间 $t \simeq e^{n'\Delta U}$ 内）必将升华到新的层次、新的状态、新的结构。

这条定理告诉我们：在大数据时代，信息量巨大，为了处理数据的不确定性、随机性，可以把它们简化为马尔可夫过程，再应用数学模型，得出所研究问题的预测。

结　束　语

当前，国内外的形势都迫切要求我们创新，改变旧的思想，改变旧的工作方法，改变旧的思维方式。思维方式从来都是具有彻底的革命性意义的，对我们来说尤其显得重要。

时代在发展，要求我们的思维应该跟上时代发展的步伐。那么在当代，各种新学科纷纷建立，出现一个个科学群之际，我们就要适应这个新时代，用系统辩证的思维方式进行概括总结，从而形成系统辩证学的哲学体系，这是实践的发展，时代的呼唤。

系统哲学的基本规律是：自组（织）涌现律（Law of self-organization emergence）、差异协同律（Law of discrepancy synergism）、结构功能律（Law of structural nenergy）、层次转化律（Law of hierarchic transition）、整体优化律（Law of holistic optimization）等（当然也可以简化为差异协同、自主涌现与整体优化三大规律）。此外还有一系列的原理、定理：自组织原理、涌现（突现）原理、层次转化的守恒原理、层次中介原理、协同和谐原理、整体性原理、系统的优化原理、整体大于部分之和原理。

以上这些自然规律都是应该可以用数理科学，特别是用数学来证明的。

马克思指出："自然科学是一切知识的基础。"系统哲学当然也不例外。

马克思还说过："任何一门科学只有能够充分利用数学的时候，才算是达到了完善的地步。"

这就是说，哲学也是以自然科学为基础，因而可以给出定量的论证和数学证明。系统哲学是自然规律的概括和解析。

系统哲学指出，系统思想之所以发展到定量化的阶段是现代科学技术发展的客观要求。

19 世纪末期以来，自然科学、社会科学的发展推动了系统思想由定性的哲学家理论概括到定量的具有广泛意义的发展。系统思想的发展，在定性研究的基础上，现代科学技术又提供了一套数学工具，来定量分析和计算系统各要素之间的相互联系与作用。

贝塔朗菲从 20 世纪 30 年代开始，积极宣传一般系统论的思想。他总结和概括了生物学的机体论，阐述了系统的科学原则。他认为，把孤立的各组成部分简单地相加不能说明高一级水平的性质和方式，如果了解部分之间的关系，那么高一级水平的活动就可以推导出来。这就为系统思想的定性分析转入定量分析指出了一条道路。

1945 年，贝塔朗菲正式发表《关于普通系统论》的论文，1968 年写了《一般系统论》的专著。他指出，一般系统研究应当包括三个主要的方面或内容：一是关于"系统"的科学数学系统论，即"普通系统论"；二是"系统技术"，其中包括系统工程和系统方法；三是"系统哲学"，即系统论哲学研究。

接着心理学家米勒创立了一般生命系统理论，他认为一切活着的具体系统都叫作"生命系统"。有人认为，米勒提出的生命系统层次——子系统表可与门捷列夫"化学元素周期表"相媲美。

1969 年物理化学家普里高津提出了"耗散结构论"，从热力学第二定律出发，宣称"非平衡可能成为有序之源，而不可逆过程导致所谓'耗散结构'这一种新型的物质动态"。普里高津的这一理论实际上说明在宇宙中的各系统，无论是有生命的还是无生命的，无一不是与周围环境有着相互依存和相互作用的开放系统。另外，普里高津提出的"探索复杂性"这一响亮口号把复杂系统的研究视为超越传统科学的新型科学，产生了广泛的影响，最引人注目的是 1984 年美国圣塔菲研究所（SFI）的成立。

协同学是由德国物理学家哈肯于 1971 年开始倡导的系统理论。它表示在各种不同类型的复杂系统中，许多要素的协同作用即联合作用将超出各要素自身的单独作用，从而产生出整个系统的统一宏观模式。这一过程就被哈肯称为协同过程。他为各种类型的系统从无序到有序的自组织转变建立了一套数学模型和处理方案。

系统思想还体现在社会系统论、经济系统论和组织管理系统论。

社会系统论。认为社会系统是由社会各要素协调一致的行动和相互关联的功能所组成的统一整体；人类社会是自适应系统。代表人物有 T. 帕森斯、M. 邦格、W. 巴克利。

经济系统论。首先是美国经济学家 W. 列昂节夫根据国民经济各部门之间产品交易的数量编制的一个棋盘式的投入产出表，它依据各部门各单位产出所需，由其他部门投入的产品数量编制投入系数表，从而进行有效的经济分析。其次是经济学家 K. 保尔丁提出的熵过程经济系统，他认为消费是一种典型的熵增过程，生产是一种典型的熵减过程即进化过程。经济学家 N. 乔治斯库在这个问题上也提出有价值的学术见解，认为经济过程是熵过程，经济系统是熵变系统；力学现象是可逆的而熵现象是不可逆的等等。

组织管理系统论。认为企业是一个由物质的、生物的、个人的和社会的几方面要素组成的一个"合作系统"，企业管理的核心就是这几个方面要素的协调。创始人是美国的切斯特·巴纳德等。

系统科学或者系统辩证学是一种包括一系列普遍规律和范畴的科学系统；它以当今世界的新理论、新发现为依据，以系统的关系与发展为特点，并以系统观、过程观和时空观为内容。这是一个新的系统哲学理论。其规律与范畴可普遍应用于自然界、社会和人类思维领域。

规律是系统本身发展过程中固有的、基本的、必然的和稳定的关系。

系统辩证学综合发展了唯物辩证法、自然辩证法、社会辩证法和思想辩证法中的一系列哲学范畴而形成自己的范畴。它按其内在的关系组成一个新的科学体系。它通过一个哲学范畴中的内在关系和逻辑发展，反映和揭示了系统的普遍规律。系统辩证学作为系统普遍联系和发展变化的学说，也是标志着思维发展的辩证之网。各个范畴都是网上的纽结，而通过纽结联系及其运动而形成的规律既有客观事物的规律，也有思维的规律。因此，系统辩证学既是一般世界观，又是一般方法论、认识论和价值论。系统辩证学从不同的方面揭示系统联系、系统发展的一般性质，揭示系统观、过程观、时空观的基本内容，并按它们所反映的层次和深度来相互区别，构成其规律和范畴。其中，通过系统、要素、结构、功能、自组（织）涌现、涨落、超循环、层次、序量、差异、协同、中介等范畴所揭示的自组（织）涌现、差异协同、结构功能、层次转化、整体优化规律，是系统辩证学的基本规律。这五大规律，由浅入深、从奇点到现实地揭示了自然、社会和思维的系统联系和系统发展。

自组（织）涌现律是系统辩证最广泛、最普遍的规律，是宇宙系统的第一规律。它从宇宙整体上揭示了宇宙演化的原因——宇宙系统的差异自组织、自涌现。

差异协同律是系统辩证学的中心律。它从存在与发展的基本形式进入到进化、演化的深刻内容，揭示了系统内部差异和环境差异协同并共同进化的本质及精髓，这是事物普遍联系的最根本内容，是事物系统变化发展的根本动力。

结构功能律与层次转化律揭示了普遍存在于一切系统的两个最明显的属性或规定性——结构、层次，提示了普遍存在于一切系统的运动、变化、发展的基本形式或状态。要懂得系统的联系和发展的状况，就要深入了解结构功能、层次转化这两个规律。

整体优化律是系统辩证学的最基础的规律。这一规律揭示了系统由差异引起的发展，是优化—劣化—再优化，以至循环往复、螺旋式的进化运动。把握这一规律，就可以从系统整体上理解事物自身运动、自我发展的全过程。它是自组（织）涌现律的深化与发展。

这五个相互联系着的基本规律，构成系统辩证学理论体系的主干。除此之外，系统辩证学还包括一系列最普遍的范畴，并通过这些范畴的系统联系和发展，从系统事物的各个侧面揭示它们的一般规律。

系统哲学的规律和范畴是相互联系的，是相互包含和相互贯通的，因为世界宇宙就是一个网络大系统。一方面，规律包含着范畴，范畴里有规律的本质。从逻辑形式上看，规律以判断来表达，范畴以概念来表达；判断离不开概念，规律离不开范畴。另一方面，范畴体现了规律。范畴及其关系加以展开，就构成为规律。如系统与要素、渐变和突变、控制和反馈、有序和无序、表征和被表征，等等，都是系统事物的客观规律。离开范畴，规律就无法揭示，也无法表达；离开规律，范畴就成了一个个孤立的、凝固的概念，就变成空洞无物的抽象。

系统哲学以差异协同律为中心，连接自组（织）涌现律、结构功能律、层次转化律，整体优化律构成系统网络的主线，把诸范畴串联起来，构成了一个完整宏大的网络体系，构成了物质、能量、信息的宇宙世界的大系统。

参考文献

[1] 乌杰：《系统哲学》，人民出版社 2013 年版。

[2] 乌杰：《关于自组织涌现哲学》，《系统科学学报》2012 年第 3 期。

[3] 乌杰：《关于差异的哲学概念》，《系统科学学报》2008 年第 2 期。

[4] 乌杰：《和谐社会与系统范式》，社会科学文献出版社 2006 年版。

[5] 乌杰：《民族和谐与系统观》，《系统科学学报》2010 年第 3 期。

[6] 乌杰：《关于结构功能的哲学》，《系统科学学报》2013 年第 4 期。

[7] H. 哈肯：《协同学》，徐锡申等译，原子能出版社 1984 年版。

[8] 普里戈金·I.：《从存在到演化》，沈小峰等译，北京大学出版社 2007 年版。

[9] 尼科里斯、普里高津：《谈索复杂性》，四川教育出版社 1987 年版。

[10] 高隆昌：《系统学原理》，科学出版社 2005 年版。

[11] J. 霍兰：《涌现——从混沌到有序》，陈禹等译，上海实际出版集团 2008 年版。

[12] G. 尼格里斯等：《探索复杂性》，罗久里等译，四川教育出版社 1986 年版。

［13］许国志主编：《系统科学》，上海科技教育出版社 2000 年版。

［14］李如生：《非平衡态热力学与耗散结构》，清华大学出版社 1986 年版。

［15］苗东升：《系统科学精要》（第二版），中国人民大学出版社 2006 年版。

［16］J. Hokikian：《无序的科学》，王芷译，湖南科技出版社 2007 年版。

［17］吴彤：《三生万物》，内蒙古人民出版社 2006 年版。

［18］吴彤： 《复杂性的科学哲学探究》，内蒙古人民出版社 2008 年版。

［19］尼·雷舍尔：《复杂性，一种哲学概观》，吴彤译，上海世纪出版集团 2007 年版。

［20］李士勇：《非线性科学与复杂性科学》，哈尔滨工业大学出版社 2006 年版。

［21］张彦、林德宏： 《系统自组织概论》，南京大学出版社 1990 年版。

［22］黄小寒：《世界视野中的系统哲学》，商务印书馆 2006 年版。

［23］ E. Laszlo （拉兹洛），*An Introduction to Systems Philosophy*: *Toward a New Paradigm of Contemporary*. New York：Gord and Breach，1973.（中译本：《系统哲学引论》，商务印书馆 1998 年版）

［24］ K. Christensen and N. R. Moloney，*Complexity and Criticality*，Imperial College Press，2005.

［25］黄金南等：《系统哲学》，东方出版社 1992 年版。

［26］范冬萍：《复杂系统突现论——复杂性科学与哲学的视野》，人民出版社 2011 年版。

［27］ C. Hooker，"Philosophy of Complex Systems"，in *Handbook of Philosophy of Sciences*，2011.

［28］颜泽贤、范冬萍、张华夏：《系统科学导论——复杂性探索》，

人民出版社 1987 年版。

［29］北京大学现代科学与哲学研究中心编：《复杂性新探》，人民出版社 2007 年版。

［30］贝塔朗菲：《一般系统论》，杜康义、魏宏森译，清华大学出版社 1987 年版。

［31］魏宏森等：《复杂性系统的理论与方法研究探索》，内蒙古人民出版社 2007 年版。

［32］金观涛：《系统的哲学》，新星出版社 2005 年版。

［33］杨河（主编），林娅、黄小寒（副主编）：《马克思主义哲学纲要》，北京大学出版社 2003 年版。

［34］勒内·托姆：《突变论》，周仲良译，上海辞书出版社 1989 年版。

［35］海因茨·奥托·佩特根等：《混沌与分形——科学的新疆界》，田逢喜主译，北京国防工业出版社 2010 年版。

［36］霍金凯·J.：《无序的科学》，王芷译，湖南科技出版社 2008 年版。

附　录

一、KAM 定理

（一）Hamilton 系统

Hamilton 系统是保守系统。保守的单自由度非线性系统不会出现混沌，因其解是规则的，相轨线不会相交。对于可积的 2-D 以上的保守系统也不存在混沌。所谓可积，即系统具有 N 个独立的首次积分，其解可分为封闭形式，且总是周期解或概周期解，其运动只局限在 N 维环面上。

现在考虑一个 N 自由度系统，它由广义坐标 q_i 及广义动量 p_i 描述。一点（q_i，p_i）的运动，由正则方程描述：

$$\dot{q}_i = \frac{\partial H}{\partial p_i} = \{q_i,\ H\},\quad \dot{p}_i = -\frac{\partial H}{\partial \dot{q}_i} = \{p_i,\ H\} \tag{a}$$

其中，H—Hamilton 函数，H = H（q_i，p_i，t），$\{\cdot,\ \cdot\}$——

Poisson 括弧，即：

$$\{u,\ v\} \equiv \sum_i \left(\frac{\partial u}{\partial q_i} \frac{\partial v}{\partial p_i} - \frac{\partial v}{\partial p_i} \frac{\partial u}{\partial q_i} \right) \tag{b}$$

由（a）得：

$$\frac{dH}{dt} = \frac{\partial H}{\partial t} + \frac{\partial H}{\partial q_i} \dot{q}_i + \frac{\partial H}{\partial p_i} \dot{p}_i = \frac{\partial H}{\partial t}. \tag{c}$$

若 H 不显含 t，则 H 不随时间变化，是守恒量，即系统为保守系统。若 H 显含 t，H=H（q，p，t），则可引入 2（n +1）维相空间，第 n+1 个坐标为 t，第（n+1）个动量为-H。

新系统的量以 $\bar{q}_k$，$\bar{p}_k$，$\bar{H}$，$\bar{t}$ 来表示，定义：

$$\bar{H} = H(q,\ p,\ t) - H \tag{d}$$

相应的正则方程为：

$$\frac{d\bar{p}}{dt} = -\frac{\partial \bar{H}}{\partial \bar{q}},\ \frac{d\bar{q}}{dt} = \frac{\partial \bar{H}}{\partial \bar{p}} \tag{e}$$

式（a）与（e）等价，并给出 $\bar{t}$ = t，$\bar{H}$ 为不含 $\bar{t}$ 的 Hamilton 函数，即为保守量。新系统为保守系统。任一 Hamilton 系统都可化为保守系统。

我们知道，一个系统由相空间的一组代表点描述。代表点的数目在运动过程中保持不变。描述代表点分布的相空间应满足这些点数的守恒方程，即连续性方程：

$$\frac{\partial \rho}{\partial t} + \frac{\partial}{\partial q}(\dot{q}\rho) + \frac{\partial}{\partial p}(\dot{p}\rho) = 0 \qquad\qquad (f)$$

利用式（f）有：

$$\frac{\partial \rho}{\partial t} + \dot{q}\frac{\partial \rho}{\partial q} + \dot{p}\frac{\partial \rho}{\partial p} = 0，即\ \frac{d\rho}{dt} = 0. \qquad (g)$$

亦即，代表点的密度在运动中保持不变，或即：保守系统的运动为相空间的不可压缩流，或相空间的体积在运动中保持不变。此即Liouville 定理。

保守系统的另一不变性为面积不变性。若 C 为相空间中的一条闭曲线，C 上的每一点均按正则方程运动，则可证 C 所围的面积A 是守恒的，即有：

$$dA/dt = 0. \qquad\qquad (h)$$

面积守恒定理在混沌研究中有重要应用。

（二）近可积系统

加微扰的可积系统称为近可积系统。近可积的保守系统至少是二自由度的系统，它可等价于时间的单自由度 Hamilton 系统。近可积系统与可积系统的根本区别在于前者存在混沌运动。

例如，一个二自由度可积系统，它有两个孤立积分，相空间的轨迹被限制在一个二维环面上，如果在横截环面的某一 Poincare 截面上观察运动，则将看到有一条光滑的闭曲线，称为 KAM 曲线。

近可积系统是规则轨道与混沌轨道共存的系统，对某些初始条件，轨道是规则的；而对另一些初始条件，轨道是混沌的。实际上，近可积系统是一个 Hamilton 可积系统的微小扰动，即：

$$H(q,\ p) = H_0(q,\ p) = \varepsilon H_1(q,\ p) \tag{i}$$

此处，εH_1 为可积 Hamilton 函数的摄动。

以两自由度系统为例，（i）应改写为：

$$H(\theta,\ J) = H_0(J) + \varepsilon H_1(\theta,\ J) \tag{j}$$

此时，Hamilton 方程可用两个作用量变量 J_1、J_2 和两个角度变量 θ_1、θ_2 表示。由于存在 Hamilton 函数作为初积分，可只考虑三个变量 J_1、θ_1、θ_2。对原可积情况，可选取适当的变换，使得 $J_1 =$ 常数，于是解为：

$$\theta_1 = \theta_1(t)\ ,\ \theta_2 = \theta_2(t) \tag{k}$$

可见，轨线总位于图 1 中的一个环面上，此曲面称为不变环面，即 KAM 环面。该环面与 $\theta =$ 常数相截得一族同心圆。对于近可积系统，同心圆将变形。由于面积的保守性，如出现双曲点，则其个数将与椭圆点的个数相同。

（三）KAM 定理

对近可积系统，KAM（Kalmogorov-Arnold-Moser）定理可叙述

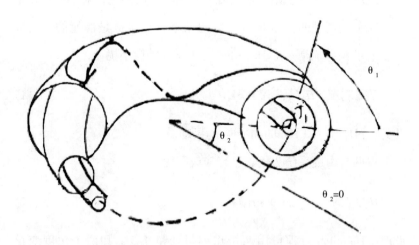

图 1　KAM 环面，它与 θ＝ 常数相截得一族同心圆

如下（证略）：

定理：设在可积 Hamilton 函数上增加一微小非线性扰动，即有：

$$H = H_0(\bar{J}) + \varepsilon H_1(\bar{J}, \bar{\theta})$$

其中，

$\bar{J} = (J_1, J_2, \cdots, J_n)$ ——作用量，$\bar{\theta} = (\theta_1, \theta_2, \cdots, \theta)$ ——角变量，

$H_0(\bar{J})$ ——可积部分，且有频率 $\bar{\omega} = \dfrac{\partial H_0}{\partial \bar{J}} = (\omega_1, \omega_2, \cdots, \omega_n)$，

$H_1(\bar{J}, \bar{\theta})$ ——θ 的周期函数，

若 ε 充分小，H_1 是 J、θ 的光滑函数，相空间的区域内有：

$$\det \left| \frac{\partial^2 H_0}{\partial J_i \partial J_j} \right| \neq 0 \tag{1}$$

即 H_0 满足不相关（非共振）条件，即 H_0 的频率比充分无理化。即该系统绝大多数解是规则的，仍留在 KAM 环面上。也有一些随机解，但限制在 KAM 环面之间，即对应于 S 的大部分区域内满足条件：

$$| \bar{m} \cdot \bar{\omega} | \geq \gamma \, | \bar{m} |^{-\tau} \tag{m}$$

的未扰动状态，存在不变环面：

$$J = \bar{J} + \bar{u}(\bar{\theta}, \varepsilon) \, , \, \bar{\theta} = \theta + v(\bar{\theta}, \varepsilon) \tag{n}$$

此处，$\bar{m} = (m_1, m_2, \cdots, m_n)$，$\gamma$，$\tau$ 为大于零的常数，$\bar{u}$，$\bar{v}$ 是 θ 的周期函数，当 $\varepsilon = 0$ 时为零，$\varepsilon \to 0$ 时，存在不变环面，区域的测度 $\to$ S 区域的全测度。[①]

二、盖亚假说(Gaia hypothesis)

盖亚假说（Gaia hypothesis）是 20 世纪 60 年代英国人拉伍洛克（James Lovelock）所提出。盖亚一词来源于希腊神话，其中有

---

① Cf. H. G., Schuster, *Deterministic Chaos*, *An Introduction*, 2nd revised edition, VCH, 1988.

一位神叫作"盖亚"（Gaia），意思是地母，后来经过拉伍洛克和美国生物学家马古利斯（L.margulis）共同推进，这个假说逐渐受到西方科学界的重视，并对人们的地球观产生着越来越大的影响。1989年美国地球物理联合会选择盖亚假说亚作为学术会议的主题，几百名科学家和学者参加了会议，并于1993年出版了《科学家论盖亚》大型文集。从此尽管科学界对盖亚假说有不同的观点，但以此为主题进行研究的科学家越来越多，特别是近年来NASA在全球生态学、生物圈学和地球系统科学的名义下支持此类研究，使得其影响也越来越大。一些科学哲学家、环境保护主义者和政治家等也从各自的角度关注和讨论盖亚假说，有关的论文和书籍也越来越多。

经过了多年的讨论、发展、改进，盖亚假说日益成熟，它总的意思是认为地球上的各种生物有效地调节着大气的温度和化学构成；地球上的各种生物体影响生物环境，而环境又反过来影响生物进化过程，两者共同进化；而各种生物与自然界之间主要由负反馈环连接，从而保持地球生态的稳定状态；同时认为大气能保持在稳定状态，一方面取决于生物圈，另一方面也是为了生物圈，通过调节物质环境，为各类生物的优化创造生存条件。

以上说明，盖亚假说的核心思想是认为地球是一个生命有机体。认为地球是活着的，具有自我调节的能力，假如她的内在出现了一些对她有害的因素，"盖亚"本身具有一种反制回馈的机能，能够自我恢复。拉伍洛克甚至直接把盖亚假说称为地球生理学。正如生理学用整体性的观点看待植物、动物和微生物等生命有机体一样，地球生理学是把地球作为一个活的系统的整体性科学。

盖亚假说从某个角度看和中国古典哲学中的"天人合一"观念有相似之处。"天人合一"认为，天是可以与人发生感应关系的存在；天是赋予人吉凶祸福的存在；另一种观点认为"天"就是"自然"的代表，"天人合一"的意思是天人一致。宇宙自然是大天地，人则是一个小天地。天人相应或天人相通，是说人和自然在本质上是相通的，故一切人事均应顺乎自然规律，达到人与自然和谐。

尽管地球可以认为是一个有生态系统的整体，人类顺乎自然规律，可以达到人与自然界的和谐。但人与自然的和谐是要克服自然带给人类的各种不可避免的问题和破坏才能达到的。

社会与其环境（生态系统）是一个复杂的巨系统。社会系统与生态系统应该相互依存、互相作用、共同演化，它们也必然符合上述协同论的基本原则：协同放大、协同进化、协同开放，形成和谐系统，形成可持续发展的社会与环境系统；否则，将是全人类的灾难。①

三、马尔可夫链

最简单的马尔可夫随机过程称为马尔可夫链，由俄国数学家马尔可夫（Markov）于 1907 年提出，说的是一个系统在已知其现在

---

① 参见乌杰：《系统科学学报》2010 年第 1 期。

状态的条件下，它未来的演变规律不依赖它以往的演化经历。具有这一特点的系统演化称为马尔可夫链。马尔可夫链有时间连续和时间离散两大类，我们只讨论时间连续的这一类。

这就是说，已知时刻 t 系统处于状态 E_i，在时刻 $\tau(\tau>t)$ 系统所处的状态与时刻 t 以前的状态无关，因而这一随机过程是时间连续、状态离散的马尔可夫过程。于是，系统演化的概率为：

$$p_{ij}(\sigma^i \to \sigma^j) = C\exp\left(\frac{\Delta E}{KT}\right)\Delta t \tag{a}$$

其中，K 为 Boltzmann 常数，而

$$\Delta F = \Delta E - T\Delta s$$

其中，ΔF 为自由能，由转移概率的遍历性可知

$$\lim_{t \to \infty} p_{ij}(t) = p_j \tag{b}$$

实际上，状态的转移可以认为只是在 $t = t_n$（n＝1，2，3，…）时刻发生。于是，这一过程为马尔可夫链，即时间与状态都是离散的。就是说，系统演化仅仅依赖于前一次状态迁移后的状态，而与更早的情况无关。如果我们假定由状态 E_i 经过一次演变到状态 E_j 的概率，与所进行的演化是第几次演化无关，则可用 p_{ij} 表示由 E_i 经过一次演变到状态 E_j 的转移概率。P_{ij}（n）表示由状态 E_i 经过 n 次转移而到达状态 E_j 的概率。

由于从任何一种状态 E_j 出发，经过一次迁移后，必然出现状态 E_1，E_2，E_3，…中的一个，故有转移概率 p_{jk} 为：

$$\sum_{k=1}^{\infty} p_{jk} = 1, \ (p_{jk} \geqslant 0, \quad j = 1, \ 2, \ 3, \ \cdots) \tag{c}$$

于是，随机矩阵 P 为：

$$\mathbf{P} = \begin{bmatrix} p_{11} & p_{12} & p_{13} & \cdots \\ p_{21} & p_{22} & p_{23} & \cdots \\ p_{31} & p_{32} & p_{33} & \cdots \\ \cdots & \cdots & \cdots & \cdots \end{bmatrix} \tag{d}$$

显然，矩阵的每个元素为非负，且每行之和均为 1。

我们可以认为系统转化属于 n 阶转化，而非一次转化。于是由 Chapman-Kolomogorov 方程得：

$$p_{ij}(n) = \sum_r p_{ir}(m) \, p_{rj}(n - m) \tag{e}$$

系统转化过程实际上是齐次的，即可用 p_{ij}（t）表示已知在时刻 τ 系统处于状态 E_i 的条件下，经过一段时间 t 后系统处于状态 E_j 的概率，或即：

$$p_{ij}(t) = p_{ij}(\tau, \ t + \tau) \tag{f}$$

此时（f）是可写为：

$$p_{rk}^{(n)} (t + \tau) = \sum_i^n p_{rl}(t) \, p_{lk}(\tau) \tag{g}$$

由

$$\boldsymbol{p}^n(t + \tau) = \boldsymbol{p}^{(n-1)} \ \boldsymbol{p}^{(1)} = (\boldsymbol{p})^n \tag{h}$$

有了随机矩阵，我们的问题便可以得到解决。

由以上讨论可知，对于马尔可夫链在 t+Δt 时刻转化状态数为：

$$z(t + \Delta t) = \pmb{p}z(t) \tag{i}$$

此处 z（t）为 t 时刻主动转化矢量，且有：

$$z(t) = \pmb{z}\pmb{p}(\sigma^i, \ t) \tag{j}$$

从满足马尔可夫过程的条件出发，可以得到 P（X, t）≡P（j, t）所满足的方程：

$$\frac{dP(j, \ t)}{dt} = \sum_{i=1} \{w(i \rightarrow j) \ P(i, \ t) - w(j \rightarrow i) \ P(j, \ i) \} \tag{k}$$

其中，P（j, i）代表在 t 时刻 X 取值为 j 的概率，w（j→i）代表在单位时间内由 j 表征的态转移到由 i 表征的态的转移概率。方程（k）即主方程。

马尔可夫链的信息熵。对于马尔科夫过程，若有 R_0 个可能出现的事件（称为"实现"），也就是得到了信息。若对信息量的度量为 R_0，则 R_0 越大，收到信息以前事件的不确定性就越大。在初始状态，没有信息，即 $I_0 = 0$，它表明 R_0 个结果是同等可能的。我们要给信息量 R_0 找一个计量的方法。

引入信息量的度量 I，它显然与 R_0 有关。现在要求对独立事件是具有相加性的。这样，若有两个集合（子系统），它们有 R_{01} 或 R_{02} 个结果，这样，其结果总数为 $R_0 = R_{01}R_{02}$ 时，我们要求

$$I(R_{01}R_{02}) = I(R_{01}) + I(R_{02}) \tag{1}$$

不难看出，如令

$$I = K \ln R_0 \qquad (2)$$

则可以满足上述关系式（1），K 是任意常数。可以证明（2）是（1）的唯一解。

设有两个子系统的情况，它们只会出现 0 或 1，当构成长度为 n 的所有可能的序列时，我们得到 $R = 2^n$ 个"实现"。

现在将在此系统中令 I 和 n 相等，即：

$$I \equiv K \ln R = Kn \ln 2 = n \qquad (3)$$

由此得

$$K = 1/\ln 2 = \log_2 e \qquad (4)$$

在 K 的这种选择下，式（3）的另一形式为：

$$I = \log_2 R \qquad (5)$$

式（2）关于信息的定义，可以容易地推广到初始有 R_0 个等概率实例，而最后有 R_1 个等概率事例的情况。此时信息为：

$$I = K \ln R_0 - K \ln R_1 \qquad (6)$$

若 $R_1 = 1$，则（6）式化为（2）式。

现在考虑 Boltzmann 在统计热力学中考虑的一个问题。设有 n 个质点，每个都以同样的概率 1/N 落在 N 个格子（N>n）的每一个格子里。试问：第一，指定 n 个格子中各有一个质点的概率；第二, 任何 n 个格子中各有一个质点的概率。第一个问题说的是满足某指定 n 个格子中各有一个质点的可能分布法的数目显然是 n!①, 定义平稳分布: 一个概率分布 $\{P_j\}$ (P_j 表示出现时间 E_j 的概率) 若满足关系:

$$P_j = \sum_i p_i p_{ij} \tag{7}$$

则称它为马尔可夫链的一个平稳分布。此时, $\lim\limits_{n \to \infty} p_{ij}(n) = p_j$ 成立。因而所要求的概率为:

$$p_1 = \frac{n!}{N^n} \tag{8}$$

第二个问题要求满足任何 n 个格子中各有一个质点的可能分布法的数目将比上一个问题中大 C_N^n 倍。② 因而, 所要求的概率为:

$$p_2 = \frac{C_N^n n!}{N^n} = \frac{N!}{N^n (N-n)!} \tag{9}$$

现考虑长度为 N 的点、划二元序列, 其中有不重叠的两部分 N_1 和 N_2, 即:

$$N_1 + N_2 = N$$

---

① 当 n 很大时, 计算 n! 时可用专门用来估算 n! 的 Stirling 公式:

$$n! \approx \sqrt{2\pi n} \left(\frac{n}{e}\right)^n e^{\frac{\theta}{12n}} \qquad (0 < \theta < 1)$$

② C_N^n 称为组合数 $= \dfrac{N!}{n!\,(N-n)!} \equiv \binom{N}{n}$

注意到，$\ln Q \cong Q(\ln Q - 1)$，有：

$$I = k\ln R = k[\ln N! \ - \ln N_1! \ - \ln N_2!]$$

$$I \approx k[N(\ln N - 1) - N_1(\ln N_1 - 1) - N_2(\ln N_2 - 1)]$$

$$N_1 + N_2 = N, \ i = \frac{I}{N} \approx -k\left[\frac{N_1}{N}\ln\frac{N_1}{N} + \frac{N_2}{N}\ln\frac{N_2}{N}\right]$$

现在来计算对于固定的 N_1、N_2 这两个符号可能构成的字的总数。根据分配点和划到 N 个位置的可能方式，其可能性为：

$$R = \frac{N!}{N_1! \ N_2!} \qquad\qquad (10)$$

这就是说，R 是用 N_1 个划和 N_2 个点所能传递的信息数。已知信息 i = I/N：

$$i \equiv \frac{I}{N} \approx -K\left[\frac{N_1}{N}\ln\frac{N_1}{N} + \frac{N_2}{N}\ln\frac{N_2}{N}\right] \qquad (11)$$

如令得到点和划符号的概率为：

$$p_j = \frac{N_j}{N}, \ J = 1, \ 2 \qquad\qquad (12)$$

由此得：

$$i = \frac{I}{N} = -K(p_1\ln p_1 + p_2\ln p_2). \qquad (13)$$

推广后得：

$$i = -K \sum_j p_j \ln p_j \tag{14}$$

其中 p_j 为出现这些符号的相对频率或初始概率分布，即传递了有关信息。我们知道，所有的物理学定律也会适合生物学、化学等等，信息学也不会例外。我们把式（14）和式（2）联系起来，如果我们把系数 K 视为热力学中的 Boltzmann 常数，则上式（14）就和下式一样地视为信息熵

$$S = -k_B \sum_i p_i \ln p_i \tag{15}$$

把熵 S 和熵 I 视为同义。此时式中的 i 代表随机变量可得的取值，p_i 是初始概率分布。

现在考虑马尔可夫过程，令 p_i 表示初始的概率分布，在我们研究问题的过程 Δt 时间间隔内，从状态 p_{ik} 到 p_{ik+1} 的转移概率，记作 $p_{ik,ik+1}$，简单地，就将从状态 i 到状态 j 的转移概率可记为 p_{ij}。这里我们注意到，在典型的情况下，一个给定的状态在过程期间将被造访（光顾）很多次。所以马尔可夫链的信息熵应为：

$$I \equiv S = -\sum_{ij} p_i p_{ij} \ln p_{ij} \tag{16}$$